아주 보통의 하루를 만드는

엄마의 말투

아주 보통의 하루를 만드는

엄마의 말투

조성은, 황재호 지음

BM 성안북스

추천의 글

코리아 레볼루션 Korea Revolution 격동의 시절, 그 시절 어머님의 힘내라는 따뜻한 말 한마디는 우리에게 고난을 떨치고 힘차게 일어서게 해주는 원동력이 되었습니다. 저자는 뉴노멀의 시대, 예측이 불가능한 미래를 살고 있는 우리에게 어머님의 사랑의 말투로 소중한 가치를 전하고 있습니다. 이 책은 육아서를 넘어 우리 사회가 지녀야 할 소통과 공감의 언어에 대해 이야기하고 있습니다. 일상의 하루를 살아가는 모든 분들에게 추천합니다.

홍재성 회장(그랜드 하얏트 호텔 회장)

대한민국에는 다양한 형태의 가정이 있습니다. 대도시의 부모 못지않게 농어촌의 부모와 다문화 가정의 부모 역시도 내 아이를 더 좋은 여건과 환경에서 교육 받게 하려는 열정이 있습니다. 저자는 『아주 보통의 하루를 만드는 엄마의 말투』에서 제안하는 엄마의 말투를 실천하면 내 아이를 지금보다 훌륭하게 성장시킬 수 있다고 제안합니다. 이 책이 많은 부모에게 알려져 대한민국을 살아가는 다양한 형태의 가정 모두가 행복해지는 세상이 되기를 진심으로 응원합니다.

김희수 군수(전라남도 진도군수)

어린 시절 넉넉하지는 못했지만 엄마의 따뜻한 말 한마디로 마음이 든든해졌던 우리였습니다. 세월이 지나도 변하지 않는 어머니의 사랑처럼, '엄마의 말투'를 실천해 모두가 행복해졌으면 좋겠습니다.

김정화 시인(한국문인협회/국제PEN클럽 회원)

기업을 경영하면서도 가정을 책임지는 여성경제인들에게 추천합니다. 이 책에서 강조하는 '엄마의 말투'의 핵심가치인 자존감, 창의력, 배려심을 기업을 경영하는 대표, 조직의 리더, 직장 선배의 입장에도 적용하여 실천한다면 여러분들의 직장과 가정 모두에 큰 도움이 될 것을 확신합니다. 『아주 보통의 하루를 만드는 엄마의 말투』를 통해 여러분의 가정과 사업장에 행복이 가득하길 진심으로 응원합니다.

변화순 대표(한국여성경제인협회 경기지회장, ㈜해천케미칼 대표)

새로운 세대와 소통하기 위해 우리는 늘 노력하고 있습니다. 소통을 잘 하여 사람들의 마음을 움직이기 위해서는 그 시절 우리의 '엄마의 말투'가 필요하다고 생각합니다. 평범하지만 묵묵히 아주 중요한 하루를 살아가는 모든 장병들이 언제나 행복하기를 바라며, 이 책을 진심으로 추천합니다.

표창수 소장(육군보병학교장)

한 사람이 큰 어려움을 겪더라도 단단해질 수 있는 것은 바로 따뜻한 말 한마디 때문입니다. 언제 어디에서나 필요한 '엄마의 말투'를 실천해보세요. 스스로 하루가 행복해지고, 다른 사람들까지 행복해지는 것을 경험할 수 있을 것입니다.

이경일 소장(前 육군정보통신학교장, 육군정보화기획참모부장)

머리말

◆

엄마의 마음이 변해야
아이를 향한 말투가 변합니다.
아이를 향한 엄마의 말투는
아이의 하루를 채워 갑니다.

아이를 키우는 하루하루는 마치 긴 여정과도 같습니다. 이 여정에는 웃음이 넘치는 날도 있지만, 때로는 인내와 고민이 필요한 날들도 찾아옵니다. 부모로서 우리는 이 여정 속에서 자녀가 세상을 이해하고, 자신을 사랑하며, 타인과 조화를 이루는 법을 배울 수 있도록 돕고 싶어합니다.

그러나 부모라는 역할은 늘 쉽지 않습니다. 아이와의 대화에서 나도 모르게 불쑥 나온 말 한마디가 아이에게 어떤 영향을 미칠지 고민해 본 적 있으신가요? 우리의 말투와 표현은 아이에게 단순히 소리를 넘어, 마음 깊이 새겨질 메시지가 됩니다. 그 말들이 아이의 자존감과 자율성을 키우기도 하고, 때로는 상처를 남기기도 합니다. 『아주 보통의 하루를 만드는 엄마의 말투』는 특별한 비법이나 완벽한 답을 제시하려는 책이 아닙니다. 대신, 부모와 자녀가 일상 속에서 나누는 대화가 얼마나 큰 힘을 가질 수 있는지, 그 중요성을 함께 생각해보고자 합니다. 자녀와의 관계에서 사용하는 말투와 태도를 조금만 돌아보고, 그 작은 변화를 통해 우리 아이의 하루를 더 평화롭고 따뜻하게 만들 수 있는 방법을 찾아가는 여정을 제안합니다. 많은 부모들이 자녀를 훌륭하게 키우고 싶어 합니다. 그래서 육아 전문 서적을 구매하고, 육아 전문가의 강연과 영상을 시청합니다. 하지만 이러한 훌륭한 내용이 나의 자녀에게 적용되기 위해서는 더 중요한 가치가 있는데, 이에 대한 부모의 관심과 정보는 부족한 경우가 많습니다. 또한 넘치는 육아와 훈육에 대한 정보로 인해 부모는 쉽게 지치고 오히려 혼란스러워 하는 경우도 많습니다. 심리 전문가나 육아 전문가에게 체계적인 자녀 교육을 받는 것은 매우 중요하지만, 수많은 사람들의 성장과 사회적 활동을 관찰한 필자와 같은 경험자의 관점 또한 필요하다고 생각합니다.

시중에는 많은 육아 전문가들의 책이 출간되어 있습니다. 그들은 자녀들이 갖춰야 할 특성을 열거합니다. 자존감, 정직, 용기, 배려, 창의, 자신감, 용서, 사회성, 도덕성 같은 항목입니다. 그러나 수많은 책과 강연은 이러한 가치를 적절히 조합하고 선택하여 비슷한 내용을 제공하는 데 그치는 경우가 많습니다. 정작 부모가 오랫동안 꾸준히 실천할 수 있을만한 확실한 정보와 내용을 제공하는 데에는 한계가 있습니다.

『아주 보통의 하루를 만드는 엄마의 말투』는 시중의 자녀 교육서와는 다른 차별점을 가지고 있습니다.

첫째, 엄마가 무슨 말을 해야 하는지 알 수 있는 책이 너무 많습니다. 엄마가 아이에게 어떻게 말을 해야 하는지 알려주는 책들은 많지만, 사례 위주의 접근이 주를 이룹니다. 그러나 독자에게 일어나는 상황은 책에서 제시된 사례보다 훨씬 다양하고 복잡하기 때문에, 독자가 훈육을 포기하는 경우도 생깁니다. 이 책은 무슨 말을 해야 하는지를 단순히 제안하는 데서 그치지 않고, 다양한 상황에서도 적용 가능한 말투의 원칙과 방향을 제시합니다.

둘째, 자녀 교육에서 가장 중요한 가치를 특정합니다. 많은 자녀교육서가 자녀에게 중요한 여러 가치를 제시하지만, 부모가 꾸준히 실천할 수 있도록 가장 중요한 가치를 구체적으로 제안하는 경우는 드뭅니다. 이 책은 자존감, 창의력, 배려심이라는 핵심 가치를 중심으로 다른 가치들이 자연스럽게 따라오도록 하는 방식을 제안합니다.

셋째, 자녀 교육에 대한 확고한 신념과 철학을 담았습니다. 오랜 시간 동안 많은 사람들을 만나며 축적된 경험과 연구, 그리고 학문적 교류를 통해 형성된 자녀 교육에 대한 확고한 신념과 철학을 바탕으로 집필한 도서입니다. 단순히 많은 사람을 만났다는 사실이 아니라, 그 경험과 성찰을 바탕으로 부모들이 혼란을 방지하고 자녀 교육의 핵심을 이해하도록 돕습니다.

　이 책은 사람이 성장하는 데 가장 필요한 핵심 내용과 그 인과 관계를 정리하여 부모들이 혼란 없이 실천할 수 있는 길을 제시합니다. 이를 통해 다른 인성적 가치들도 자연스럽게 따라오게 만드는 방향을 제시하고자 합니다. 단순히 부모로서의 완벽함을 추구하기보다, 함께 성장하고 배워가는 과정을 강조합니다. 사소해 보이는 한마디의 말이 아이에게 어떻게 닿을지 상상해 보고, 그 말이 아이의 마음속에 긍정적인 씨앗으로 남기를 바라는 마음으로 이 책을 썼습니다.

　우리 모두는 아이였고, 이제는 엄마가 되었습니다. 부디 이 책이 아이와의 소통에서 작은 변화를 만들어 나가는 데에 도움이 되길 바랍니다. 그리고 그 변화가 쌓여, 부모와 아이 모두에게 '아주 보통이지만 특별한 하루'를 선물할 수 있기를 소망합니다.

모두가 자유롭게 말하는 세상을 꿈꾸며.

저자 조성은

목차

추천의 글 004
머리말 006

PART ▶ 1 ◀

엄마의 마음이 변해야 말이 변한다 013

1장. 등짝 스매싱을 맞았던 여고생의 다짐 015
2장. 방문을 닫아버리는 아이, 문제는 엄마의 말 024
3장. 뻔(Fun)한 아이로 키우고 싶은가요? 033
4장. 옆집 아이에게는 나무라지 않는다 042
5장. 엄마의 마음 정리하기 050

PART ▶ 2 ◀

아이와의 관계를 개선하는 엄마의 말투 061

1장. 마음을 열어주는 공감과 기다림 063
2장. 입사한지 3년 vs. 30년 070
3장. 성장하는 아이에게는 엄마가 필요하다 078
4장. 가장 위험한 아이는 엄마 말을 잘 듣는 아이다 086
5장. 친밀감을 쌓는 생활 속 말하기 방법 094

PART ▶ 3 ◀
아이의 자존감을 높여주는 엄마의 말투 103

1장. 무엇보다 중요한 우리 아이 자존감 105
2장. 자존감을 길러주는 당연하고 분명한 칭찬의 정석 113
3장. 먼저 'Yes', 그 다음 'But' 122
4장. 엄마는 아이에게 '안 돼'라는 말을 하면 안 된다 130
5장. 한 번만 참으면 아이는 성장한다 138
6장. 아이의 장점을 바라보면 단점은 사라진다 146

PART ▶ 4 ◀
아이의 창의력을 길러주는 엄마의 말투 155

1장. 아이는 창의력이 있어야 인생을 재미있게 살아갈 수 있다 157
2장. 세 살 때의 상상력을 여든까지 이어주는 대화법이 있다 164
3장. 의미 없는 말장난 vs. 아이의 생각하는 힘을 길러주는 대화법 171
4장. 창의력이 높으면 문제 해결력이 높아진다 178
5장. 우리 아이도 제2의 스티브 잡스, 일론 머스크가 될 수 있다 185
6장. 아빠와 함께하는 창의력 놀이와 대화법이 있다 192

PART ▶ 5 ◀

남을 배려하는 아이로 키우는 엄마의 말투 201

1장. 아이의 배려심은 성장을 완성한다 203
2장. 엄마가 아이 말을 잘 들으면 아이는 말도 잘 하고 잘 듣게 된다 209
3장. 자기 자신을 배려하는 아이로 키우는 방법 215
4장. 타인을 배려하는 아이로 키우는 방법 223
5장. 배려심으로 부자가 될 아이로 키우기 232
6장. 배려심을 완성하는 예절과 에티켓 242

PART ▶ 6 ◀

시대와 환경의 변화 이후 필요한 엄마의 말투 251

1장. 원치 않는 홈스쿨링 시대는 위기이자 기회가 된다 253
2장. 자극적인 콘텐츠는 보지 않도록 지도해야 한다 261
3장. 편식하는 초딩 입맛과 이별하기 위한 대화법이 있다 269
4장. 스스로 알아서 공부하는 아이를 만들기 위한 대화법이 있다 277
5장. 아이의 교육은 참고 믿고 사랑하는 것이다 286

맺음말 292

1

PART

엄마의 마음이
변해야
말이 변한다

엄마의 마음이 변해야 말이 변한다

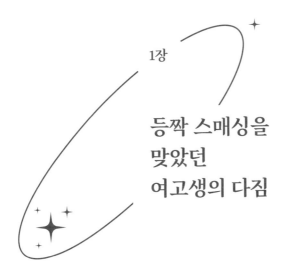

1장

등짝 스매싱을
맞았던
여고생의 다짐

　　새로운 생명에 대한 기대감에 엄마들은 열
달 동안 기쁜 마음으로 아기를 기다린다. 그리고 그 시간 동안 엄마
들은 아기의 작은 몸짓 하나에도 울고 웃으며, 그저 건강하게만 태
어나 달라고 기도한다. 그런데 보육에 전념하던 시기를 지나 교육
의 시기가 되면 엄마들의 생각은 달라진다. 잘 키워야겠다는 욕심
에 아이를 다그치게 되고, 아이의 행동 하나하나에 간섭과 잔소리
를 하는 등 나의 엄마가 했던 행동을 그대로 반복한다. 아이를 정말
잘 키우고 싶다면 먼저 아이를 사랑해야 한다. 부모에게서 받은 사
랑은 곧 아이의 자존감이 되고, 그 자존감은 아이가 인생을 살아가

는데 가장 중요한 에너지가 되기 때문이다. 또한 아이를 사랑하려면 부모 역시 준비가 필요하다. 그러므로 더 잘되기를 바라는 부모의 마음은 잠시 접어두고, 부모로서의 나를 한번 돌아보자.

잘 키우려는 욕심

내 아이를 잘 키우고 싶은 마음은 세상 어느 부모나 모두 같다. 잘 자라서 성공하고 누구보다 행복하게 살기를 바란다. 그래서 늘 잘 키우려면 어떻게 해야 하는지, 성공한 삶을 살게 하려면 어떻게 해야 하는지 생각한다. 아마 우리 부모님도 지금 나와 같은 고민을 하시며 나를 키우셨을 것이다. 그렇다면 지금 나의 모습은 잘 자라서 성공한 모습인가? 물론 사람마다 성공에 대한 가치관이 다르기 때문에 무엇을 성공이라고 딱 잘라 말할 수는 없다. 하지만 많은 부모들은 스스로 생각하는 성공의 기준이 높기 때문에, 아이만큼은 나보다 더 성공하길 바라며 많은 기대를 한다.

'인간의 욕심은 끝이 없고, 인간은 같은 실수를 반복한다.'라는 말이 있다. 공감이 가는 말이다. 우리 아이와 내가 겪는 사소한 실랑이는 내가 나의 엄마와 겪었던 것과 비슷하지는 않은지, 또 내가 엄마에게 당했던(?) 것을 지금 우리 아이에게 하고 있는 것은 아닌지 말이다. 많은 엄마들이 자신의 엄마가 했던 행동들을 그대로 아이에게 하고 있을 수 있다. 즉 아이들의 눈높이에 맞춰 이해하는 육아가 아닌, 의욕만 앞선 육아를 하고 있는 것이다. 하지만 의욕만 앞선 육아는 엄마와 아이 모두를 힘들게 한다. 따라서 현재 아이와 갈등을 겪고 있는 엄마라면, 먼저 자신이 사용하는 말투를 점검해 볼 필요가 있다. 다음에 살펴볼 말들은 실제로 많은 엄마들이 사용하는 말이며, 아이의 행동을 즉시 개선하기에 가장 편리한 말이다.

"그러게 공부 좀 하랬더니!"
"내가 너 때문에 정말 속이 터진다!"
"빨리 빨리 해!"
"너는 왜 그 모양이니?"
"엄마가 몇 번을 말해야 알아들어?"
"너는 커서 뭐가 되려고 그러니?"

그렇다면 아이들은 이런 엄마의 말을 듣고 "아, 이제 공부를 해야겠구나.", "다음부터는 엄마의 말을 꼭 기억해야지."라고 생각할까? 전혀 그렇지 않다. 오히려 이러한 강압적이고 부정적인 말들은 아이를 불안하게 만들고, 심리적으로 위축되게 만든다. 게다가 아이의 행동 역시 전혀 개선되지 않으며, 나중에 반항을 하거나 자존감이 결여된 채 성장하게 만들기도 한다. 미국의 심리학자 돈 하마체크 Don E. Hamachek 는 높은 기준을 세워놓고, 작은 실수도 용납하지 않으면서 노력과 결과에 만족하지 못하는 사람을 '신경증적 완벽주의자'라고 정의하였다. 그러면서 부모가 아이에게 높은 기준으로 엄격하게 평가한다면, 아이는 실수에 대한 걱정으로 두려움을 가지게 되어 '신경증적 완벽주의'가 심해질 수 있다고 주장하였다.

어떤 부모들은 다그치고 꾸중을 해서라도 아이가 잘 성장할 수만 있다면 괜찮다고 생각한다. 하지만 유대감이 없는 상태에서 자녀에게 꾸중을 한다면, 아이의 자존감에는 문제가 생긴다. 그리고 자존감이 낮은 아이는 성장하는 과정에서 많은 어려움을 겪게 된다.

뜨거운 맛, 등짝 스매싱

아이 : 학교 다녀왔습니다.

엄마 : 학원에서 선생님한테 전화가 왔었어. 오늘 학원에 안 갔니?

아이 : 아, 조금 늦었는데 갔다 오긴 했어요.

엄마 : 엄마가 선생님한테 방금 확인했는데? 솔직히 말해. 너 어디서 뭐하고 왔어!

아이 : 사실 친구랑 놀다가 깜빡하고 늦었어요.

엄마: 이 녀석이! 깜빡할 게 따로 있지. 엄마가 너 때문에 못살아!

이러한 상황에서 우리는 어김없이 엄마의 뜨겁고도 매서운 손맛을 본다. 이른바 '등짝 스매싱'은 안 맞아 본 사람도 있겠지만 대부분 한 번쯤은 들어 본 말이다. 이 등짝 스매싱의 위력은 생각보다 대단해서 더 이상 어떠한 말대꾸도 할 수 없게 만드는 마법 같은 힘이 있다. 혹시라도 한마디 잘못했다가는 더 크게 혼날 수도 있기 때문이다. 물론 우리의 엄마들도 비슷한 상황에서 억울하게 맞았던 적이 있었을 것이다. 하지만 무슨 이유에서인지 억울했던 그때의 상황은 잊어버린 채, 어느새 본인들의 자식한테 똑같이 등짝 스매싱이라는 뜨거운 손맛을 보여주고 있는 것이다. 그렇게 추억 속 학창시절의 소녀는 투덜거리며 "절대 잔소리 하지 않는 엄마가 되어야지."라고 다짐을 하였다.

등짝 스매싱을 맞았던 소녀가 결혼을 하고 엄마가 되었다. 꽤 많은 시간이 흐른 탓에 "내 아이에게는 절대 그러지 말아야지."라고 했던 예전의 다짐은 잊혀진지 오래다. 오히려 '공부해라.', '속 터진다.', '왜 그 모양이니?', '몇 번을 말해야 알아듣겠니?', '빨리 좀 해라.' 등 아이를 향해 울분을 토해 내듯이 이야기하며, 때로는 야단을 치고, 때로는 매를 들어 훈육을 하기도 한다. 아이의 미래를 위해서라지만, 결국 '나' 역시 엄마와 똑같이 행동하고 있는 것이다. 이렇듯 좋은 부모가 된다는 것은 결코 쉬운 일이 아니다. 지금의 여러분이 그러는 것처럼 우리의 부모님도 그랬다.

어릴 때 '사랑의 매'라는 이름으로 맞아 본 아이의 경우, 부모가 되면 자신이 당했던 것과 똑같이 매를 들 확률이 높다. 올바른 훈육을 받지 못한 채 어른으로 성장하여 자신의 아이에게도 상처를 주는 것이다. 이런 부모는 "나도 맞으면서 컸다."라며, 스스로 폭력을 정당화하기까지 한다. 이러한 상황을 두고, 의학박사이자 심리학 전문가인 이나미심리분석연구원의 이나미 원장은 언론과의 인터뷰에서 다음과 같이 말하였다.

"훈육과 체벌의 경계는 없다. 아이를 때리는 행위처럼 부모의 부정적인 감정이 섞인 훈육은 그 자체로 학대이다."

간혹 "요즘 누가 애들을 때려요."라고 말하는 부모들이 있는데, 언어폭력이나 강압적인 행위 그리고 정서적 학대를 포함하면 우리나라의 아동 폭력은 위험 수위라고 볼 수 있다. 아무리 부모라도 체벌은 용납할 수 없는 행위이다.

엄마의 준비

천만 관객을 돌파했던 영화 〈국제시장(2014)〉을 보면, 한국 전쟁 이후 격변의 시대를 살았던 그 시절 부모님 세대의 삶을 엿볼 수가 있다. 영화에는 자신의 일생을 가족을 위해 헌신하며 살아가는 덕수(배우 황정민)가 나온다. 가족의 생계를 책임지기 위해 어떠한 일도 마다하지 않고 나서서 하는 덕수를 보며, 순간 부모님이 생각났고, 부모님과 함께 했던 추억들이 떠올랐다. 여러분도 부모님과 함께한 소중한 기억들을 가지고 있을 것이다. 그리고 어느덧 여러분도 그 추억 속의 부모님과 비슷한 또래가 되었다. 여러분은 아이에게 어떤 추억을 만들어 줄 것인가. 부모님과 함께 했던 행복한 순간들은 우리가 그랬던 것처럼 우리 아이의 마음 속 깊이 남게 된다. 그리고 그 기억은 자존감으로 바뀌어 세상을 살아갈 수 있는 힘이 된다.

아이에게 좋은 추억을 만들어 주고 싶고, 사랑을 전하고 싶은 것은 누구나 마찬가지이다. 또한 말의 중요성에 대해서도 공감하지 못하는 부모는 없을 것이다. 그러나 매일 아이들을 상대해야 하는 엄마들은 지치기 마련이다. 그래서 때로는 잔소리를 하고, 매를 들어 혼을 내기도 한다. 이런 상황에서 모든 것을 엄마만의 잘못이라고 할 수는 없다. 아무리 말의 중요성을 알고 있더라도 제대로 배워

본 적도, 공부해본 적도 없기 때문에 어떻게 해야 하는지 잘 모르는 것은 당연하다. 그러므로 아이에게 화를 내더라도 스스로 나쁜 엄마라고 자책하지는 말자.

"아무리 실컷 얘기해도 대답만 잘해요."
"돌아서면 또 말을 안 들어서 결국 화를 내고 말거든요."
"아이들은 짧게 말해야 이해한다고 해서 짧게 말하는데, 더 말을 안 듣는 것 같아요."

세상에는 맞벌이를 하는 엄마도 있고, 육아만을 전담하는 엄마도 있다. 중요한 것은 육아를 하게 되면, 누구나 스트레스를 받는다는 것이다. 직장과 가정에서 오는 여러 가지 스트레스 요인은 엄마가 올바른 육아를 하는데 걸림돌이 된다. 때로는 정말 작은 일 때문에 아이에게 화를 내기도 하고, 마음에도 없는 말을 하기도 한다. 또 아이를 정말 잘 키우고 싶은데 마음대로 되지 않아 답답하고, 아이가 미워 어디론가 훌쩍 떠나고 싶은 생각이 들기도 한다. 이는 쌓여있던 스트레스 때문에 생긴 자연스러운 현상이다. 그래서 진짜 엄마가 되려면 준비가 필요하다.

엄마에게는 아이를 올바른 어른으로 성장시켜야 할 책임이 있다. 이를 위해서는 우선 아이에게 자존감을 심어주어야 한다. 초등학생이 학교에서 '100점'을 받는 것은 인생을 살아가는 데 있어 크게 중요한 것은 아니다. 이보다 더 중요한 것은 아이를 있는 그대로 인정하고, 칭찬을 통해 사랑을 주는 것이다. 물론 이러한 사실은 우리 모두 이미 알고 있다. 다만 실천하지 못하고 있을 뿐이다. '신(神)은 모든 곳에 있을 수 없기에 어머니를 만들었다.'라는 유대인의 격언이 있다. 이 말처럼 여러분도 어느새 한 명의 인간을 낳고, 성장시키는 어머니가 되었다. 또 부모가 되었다. 이제 무조건 아이를 다그치는 실수를 반복하지 말자. 아이를 인격적으로 존중하고 많은 사랑을 주는 위대한 어머니와 아버지로 거듭나보자.

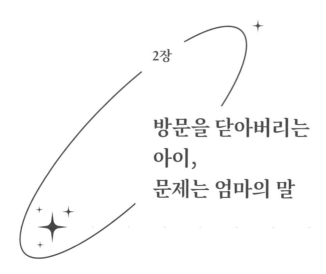

2장

방문을 닫아버리는 아이, 문제는 엄마의 말

　　　　　　자녀 교육에 대한 TV프로그램을 보면, 대부분 자녀에게 칭찬을 해야 한다고 말한다. 그래서 보고 배운 대로 실천해봤지만, 별다른 효과가 없다. 게다가 어느 순간부터 아이는 엄마와의 대화를 귀찮아하고 피하기 시작한다. 아직 사춘기는 아닌데 왜 그럴까, 사춘기가 다른 아이들보다 빨리 찾아 온 것일까? 아니다. 문제는 엄마의 말이다. 아이가 엄마와의 대화를 거부하는 것은 엄마와 말할 필요가 없다고 생각하기 때문이다. 이미 마음의 문이 닫혀버리면 어떤 말을 해도 소용이 없다. '밑 빠진 독에 물 붓기'와 같은 이치인 것이다. 무심코 아이의 인격을 무시하거나 부정하는 말을 하지 않았는가. 아이가 방문을 닫게 만드는 엄마의 말에 대해 알아보자.

대화의 단절

아이 : (방문을 '쾅' 닫으며) 다녀왔습니다.

엄마 : 왔어? 오늘은 숙제가 뭐야?

　　　숙제부터 먼저 하고 학원 갈 준비해.

아이 : ….

엄마 : 왜 대답이 없어?

아이 : 알았어! 알았다고요.

엄마 : 너, 엄마랑 말 안 할 거야? 자꾸 그런 식으로 할래?

엄마가 이야기하는데 아이가 버릇없이 구는 것처럼 보이는가? 아니다. 앞의 사례는 대화가 단절된 집에서 흔히 발생하는 광경이다. 그렇다면 사랑하는 아이가 왜 이렇게 변한 것일까? 그 이유는 바로 엄마의 '말' 때문이다. 엄마가 무의식적으로 뱉은 말에 아이가 상처를 입어 더 이상 대화할 필요가 없다고 생각한 것이다. 아이는 부모와의 대화를 통해 살아가는데 필요한 지혜를 배운다. 평소 아이의 인격을 무시하거나 존중하지 않으면, 앞의 사례처럼 대화의 문이 닫힌다. 그리고 엄마는 엄마대로, 아이는 아이대로 불만이 쌓이게 된다. 따라서 한없이 착했던 아이가 변했다면, 그것은 쌓여있던 불만이 터져버렸다는 것을 의미한다.

가끔씩 엄마의 기분이 좋을 때만 해주는 칭찬은 아이에게 별 의미가 없다. 또한 엄마가 아무리 말투 공부를 해도 아이를 인격체로서 존중하지 않으면, 아무 소용이 없다. 엄마들은 말투를 배우기 전에 먼저 아이를 인격체로서 존중해야 한다. 대화를 하기 위해 경청하고 있다는 것을 보여주자. 아이가 "잘 모르겠어요."라고 한다면, "네가 어려워서 힘들구나."라고 공감해 보는 것이다. 단, 한 번에 좋아질 수는 없다. 시간이 오래 걸려도 아이에게 엄마가 경청하고 공감하고 있다는 것을, 그리고 존중하고 있다는 것을 알게 해야 한다. 다음은 미국의 심리학자 다이애나 디베차 Diana Divecha 의 말이다.

"건강한 성취감을 갖게 하려면 어릴 때부터 신뢰하고 존중받는다는 안정감과 필요할 때 지원받을 수 있다는 믿음을 줘야 한다."

아이는 엄마가 자신을 믿는다고 생각할 때 성장한다. 아이가 "엄마, 얼마나 가는지 기대할게요."라고 해도 상관없다. 아이가 짓

궂게 말한다고 아이와 똑같이 행동할 수는 없지 않은가. 먼저 꾹 참고, "힘들겠구나." 공감하며, 존중하는 연습을 해보자. 그렇게 꾸준히 하다보면, 어느새 아이가 먼저 "일단 엄마한테 이야기 해 봐야겠다."라며 다가올 것이다.

아이의 인격을 무시하는 말

엄마: 몇 번을 설명해야 알아듣겠니? 아직도 이해가 안 돼?

아이: 문제가 너무 어려워요.

엄마: 이 정도 수준은 네가 진작 풀었어야 하는 문제야. 이게 뭐가 어렵니?

아이: 몇 번을 봐도 잘 이해가 안 돼요.

엄마: 아이고, 너는 도대체 왜 그러니? 앞으로 어쩌면 좋아?

아이: 몰라요! 해도 안 되는 걸 어떡하라고요!

"너는 도대체 왜 그러니?"라고 아이의 인격을 무시하면 아이의 자존감은 무너진다. 자기 스스로 '문제가 있는 아이'라고 생각하기 때문이다. 그리고 이러한 상황은 충분히 해낼 수 있는 일도 쉽게 포기하게 만든다. 부모들은 알게 모르게 아이의 인격을 무시하는 말을 많이 한다. 여기서 모순된 점은 아이의 인격을 무시해놓고, 아이의 성장을 기대한다는 것이다. 하지만 이러한 행동은 언어폭력이나 정서적 학대와 같기 때문에 이렇게 말하면서 아이의 성장을 기대하는 것은 무리이다. 아이를 무시하는 말은 아이 스스로 자신이 쓸모없고 무능하다는 생각을 하게 만들며, 사랑을 받지 못하고 있다는 생각 때문에 반항을 하게 만든다. 즉 아이와의 믿음이 생기기는커녕 살아갈 희망을 빼앗게 되는 것이다.

국제구호단체 세이브더칠드런 Save the Children 과 서울대 사회복지연구소가 〈아동의 행복감 국제 비교 연구(2015)〉라는 연구 결과를 내놓았다. 조사 결과, 놀랍게도 우리나라 아동의 '주관적 행복감'이 조사 대상국인 12개국 가운데 가장 낮게 나타났다. 특히 한국 아동은 외모와 신체, 학업에 대한 만족감이 낮았다. 반면 조사 대상국 중, 루마니아 아동의 행복감이 가장 높았다. 이러한 결과를 두고, 일각에서는 국가 경제력 수준의 차이 때문이라고 해석하였다. 그러나 네팔과 에티오피아보다도 우리나라가 낮은 순위를 기록한 것을 보면, 이는 명백하게 잘못된 해석임을 알 수 있다. 그렇다면 어째서 우리나라 아동의 행복감이 이토록 낮은 것일까? 아마 우리나라 아이들은 사회의 영향을 많이 받고, 부모의 기대감에 위축되어 있기 때문이라고 판단된다. 필자가 이렇게 생각하는 이유를 멀지 않은 곳에서 찾을 수 있다.

조성은스피치아카데미에 가면 어른들도 많지만, 초등학생들도 만날 수 있다. 한 번은 어른들 사이에서 열심히 배우는 아이가 귀여워서 아이와 이야기를 나눴는데, 아이가 나에게 자랑(?)을 했다.

"선생님, 저는 학원을 13개나 다녀요."

아이의 말에 적잖은 충격을 받았지만, 순간 떠오르는 대답이 없었다.

"열심히 하는 구나."

어느 날 이른 아침 출장길에 신호등 앞에서 정차했을 때의 일이다. 운전석 옆을 보니 차 안에서 초등학생쯤 되는 아이가 허겁지겁 햄버거를 먹고 있었다. 아이를 보고 있으니 '아직 아침 7시 반인데 무엇이 저렇게 급할까?'라는 생각이 들었다. 이처럼 요즘 아이들은 어른보다도 훨씬 바쁜 삶을 살고 있다. 늘어나는 사교육으로 인해 운동장이 아닌, 학원에서 친구를 만나야 한다. 이런 아이들을 보고 있으면 안쓰럽지 않은가? 힘들지 않도록 격려해 주자.

"이제 이것도 할 수 있게 되었구나."

"분명히 좋은 일이 생길 거야."

아이를 부정하는 말

엄마: 오늘 성적표 나오는 날이라고 하던데, 한 번 가져와보렴.

아이: 여기요. 이번에는 조금 실수를 했어요.

엄마: 조금 실수를 했다는 게 이 모양이야?

아이: 문제가 너무 어려웠어요.

엄마: 그러게 엄마가 놀지 말고 공부하랬지? 내가 이럴 줄 알았어.

아이: 그게 아니라 정말 다들 어려워했단 말이에요.

엄마들이 "내가 그럴 줄 알았다.", "그거 봐라, 내가 뭐랬니?"라는 말을 사용한다. 이 말을 직접 들어본 엄마도 있을 것이다. 이러한 표현은 보통 아이가 시험을 망치거나 준비물을 챙기지 못했을 때, 또는 말을 듣지 않고 까불다가 넘어졌을 때 사용한다. 사실 이 말은 안타까운 마음에 아무 생각 없이 하는 말에 가깝다. 하지만 아이는 엄마의 말 때문에 스스로 부정적인 이미지를 갖게 된다. 자신은 항상 실패하고, 무엇을 하든지 안 된다고 생각하게 되는 것이다. 아이도 잘하고 싶었지만, 어리기 때문에 습관이나 방법이 잘못되었던 것인데 말이다.

그렇다면 엄마는 아이가 정말 그럴 줄 알았을까? 아니다. 엄마는 아이가 그럴 줄 몰랐다. 정확하게 말하면 엄마는 알 수가 없다. 그럼 엄마는 왜 이런 말을 하는 것일까? '어떤 사건을 보고 이미 결과를 알고 있었다.'라고 믿는 것을 심리학 용어로 '사후 확증 편향 hindsight bias'이라고 한다. 엄마가 우월하다는 생각을 바탕으로 아이를 통제하고 싶은 생각 때문에 이러한 말을 하는 것이다. 그러나 엄마는 아이가 그 행동을 하고 있을 때 가만히 있었다. 어떠한 방법도 알려주지 않고 방관하고만 있었던 것이다. 그러면서 결과에 대해서만 뭐라고 하니, 결국 이 말을 들은 아이만 더욱 부정적인 생각에 빠져들게 된다. 가장 큰 문제는 이러한 표현 때문에 아이들은 시작도 하기 전에 먼저 실패를 생각하고, 또 실패를 반복하게 된다는 것이다.

사후 확증 편향의 원인이 '우울함'이라는 연구 결과가 있다. 독일 뒤셀도르프 하인리히 하이네대학의 심리학 교수인 줄리아 그로스 Julia Gross 는 사후 확증 편향은 우울증이 심하거나 부정적인 결과를 받았을 때 주로 나타난다고 말한다. 반대로 사실은 긍정적인 결과를 마주했을 때는 사후 확증 편향이 적다고 한다. 이는 부정적인 결과 앞에서는 자신을 보호하고 싶은 욕구가 생기기 때문이다. 이러한 사실을 알고도 아이에게 부정적인 표현을 사용하는 엄마는 없을 것이다. 그만큼 우리는 쉽게 말하고 있다. 실패를 반복하지 않도록 아이의 마음을 만져주자. 실패했다면 "다시 한 번 해보자.", "다음에는 잘할 수 있을 거야.", "엄마가 도와줄까?"라고 말해보자.

집에 돌아온 아이들은 대부분 가장 먼저 '배가 고프다'는 생각을 한다. 그런데 엄마는 잔소리만 한다. 이것이 쌓여서 마음 속 대화의 문을 닫게 되고, 방문을 '쾅'하고 닫게 된다. 아이들은 배가 고프기도 하지만, 사실 엄마의 따뜻한 말 한마디가 더 고프다. 아이에게 자존감과 창의력, 배려심을 키워주고 싶은가? 용기를 북돋아 주고 스스로 공부하게 만들고 싶은가? 그렇다면 먼저 아이를 이해하고 존중해야 한다. 아이와의 대화가 단절된 엄마들은 인격을 무시하거나 부정하는 말을 사용하지 않았나 생각해 보자. 아이들은 언제나 엄마의 사랑에 목말라 있으며, 엄마의 사랑이 고픈 존재들이다.

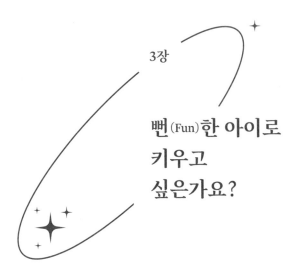

3장

뻔(Fun)한 아이로 키우고 싶은가요?

엄마들은 우리 아이가 행복했으면 좋겠다고 생각한다. 그래서 아이의 미래를 위해 많은 노력을 기울이고 있다. 남들과 다른 아이로 키우기 위해 많은 돈을 투자해서 학원에 보내고, 좋은 학교에 보내기 위해 정보를 수집한다. 그것도 모자라 하루 종일 아이들을 따라다니면서 '매니저' 역할을 자처한다. 하지만 잘못하면 이런 노력이 모두 수포로 돌아갈 수 있다. 특히 엄마가 아이에게 강요하거나 부담을 주는 경우, 또는 잔소리를 하는 경우에 그렇다. 이번에는 안 봐도 아이의 미래를 뻔하게 만드는 엄마의 말은 무엇인지 알아보자.

강요하는 엄마

엄마: 오늘 학교 끝나고 집에 오면 영어 학원에 가서 상담 한 번 받아
보자.

아이: 네? 또 학원에 등록하려고요?

엄마: 너 이번에 영어 성적이 안 좋았잖아.

옆집 애도 그 학원에 다닌대.

아이: 영어 공부는 제가 알아서 할 거예요. 걱정하지 마세요.

엄마: 넌 그냥 하라는 대로 해! 왜 이렇게 말을 안 듣니?

아이: 몰라요! 맨날 학원만 다니기 힘들다고요!

엄마들은 "넌 그냥 하라는 대로 해!"라는 말을 많이 한다. 이는
아이보다 인생의 경험이 많다 보니 지금 당장 필요한 게 무엇인지
눈에 보이기 때문이다. 하지만 아이에게 정말 필요한 것이라도 이
러한 표현 방식으로 접근하면 문제가 생긴다. 이런 경우 아이는 둘
중 하나의 반응을 보인다. 하나는 수긍하지만 억지로 하려는 것이
고, 다른 하나는 부모를 원망하며 일부러 스스로를 망치려고 하는
것이다. 때로는 아이에게 강요를 해서라도 가르침을 줘야 한다. 하
지만 엄마의 강요에 못 이겨 억지로 따르게 하는 것은 아이에게 어
떠한 도움도 되지 않는다. 또한 부모가 하라는 대로 하는 아이는 자

기 주도적인 어른으로 성장하기 어렵다.

아이들은 일단 하라는 대로 한다. 하지만 자아를 가지고 있는 아이에게 스스로 이해가 되지 않는 일을 시키면 흥미가 줄어든다. 이것은 인간의 본능이다. 만약 여러분이 다니고 있는 회사에서 상사가 "그냥 하라는 대로 해."라고 한다면 어떻겠는가. 우리는 자신의 경험을 일반화해서 일방적으로 강요하는 그들을 '꼰대'라고 부른다. 아이들은 동전을 넣으면 음료가 나오는 자판기가 아니다. 각자의 성장 속도가 다르고, 흥미가 다르다. 그러므로 아이들의 문제 해결력을 높이겠다고 더 이상 강요하지 말자. 이제는 아이의 흥미를 이끌어 내어 스스로 필요하다고 느끼게 만들어보자. "어떻게 하면 잘할 수 있을까?", "엄마가 어떻게 도와주면 좋겠니?"라고 말이다.

미국의 심리학자 앨리슨 고프닉 Alison Gopnik 은 자신의 저서 『정원사와 목수』에서 두 종류의 부모에 대해 다음과 같이 말하였다.

"세상에는 두 종류의 부모가 있다. 하나는 자녀는 본을 뜨듯 틀에 맞게 만들어질 수 있다고 생각하는 '목수 유형'의 부모이고, 다른 하나는 자유롭게 성장할 수 있도록 자녀에게 안전한 환경을 제공해야 한다고 생각하는 '정원사 유형'의 부모이다. 그러나 부모는 목수에 가깝지만, 정원사처럼 행동해야 한다."

양육이라는 이름으로 아이에게 강요만 한다면, 아이는 부모 세대의 틀 안에서 벗어나지 못한다. 미래의 세상을 살아갈 우리 아이들의 예측할 수 없는 성장을 기대해보자. 잠자고 있는 아이들의 잠재력을 깨워보자.

잔소리를 하는 엄마

엄마: 너, 방은 왜 또 이렇게 지저분해?

아이: 조금 있다가 치우려고 했어요.

엄마: 도대체 몇 번을 말해야 스스로 치울 거야. 엄마 말 안 듣는 건 어쩜 네 아빠랑 똑같니?

아이: 알겠어요. 지금 치울게요.

엄마: 꾸물대지 말고 빨리빨리 좀 해. 그리고 휴대폰 좀 그만해! 너 숙제는 다 했어?

아이: 엄마 제발 잔소리 좀 그만해요!

이렇게 아이에게 잔소리를 하고 있지 않는가. 잔소리를 한다고 아이들이 갑자기 말을 잘 듣는 것은 아니다. 게다가 잔소리를 하면 본인만 피곤하다. 또 반복되는 잔소리는 아이와의 대화를 단절시키고, 아이의 성장을 방해한다. 그럼에도 불구하고 왜 똑같은 잔소리를 매번 반복하는 것일까? 처음 문제가 발생하면 엄마는 아이에게 "단순하게 이야기만 해야지."라고 생각한다. 하지만 결국 일방적으로 혼자 떠들게 되고, 아이에게 화를 내게 된다. 일방적인 소통은 곧 명령이다. 그리고 이 명령으로 인해 아이들은 제대로 이해하지 못한 채 부모의 말에 그냥 순응한다. 때문에 다음에도 다시 똑같은 상황으로 돌아가는 것이다.

미국의 피츠버그 의과대학과 UC버클리, 하버드대학의 공동 연구팀은 학술지 〈사회적 인지 및 감정신경과학〉을 통해 부모의 잔소리가 자녀의 이성적인 사고를 멈추게 한다는 연구 결과를 발표하였다. 이 연구팀은 평균 연령 14세의 청소년 32명을 대상으로 엄마의 잔소리를 녹음한 음성을 30초 정도 들려주고, 그에 따른 반응을 살펴보았다. 그 결과, 부정적인 감정을 처리하는 대뇌변연계limbic system의 활성도가 높아졌으며, 동시에 감정 조절을 관장하는 전두엽과 상대방의 관점을 이해하는 측두엽의 활성도가 떨어진다는 사실을 발견하였다. 이처럼 잔소리는 아이들에게 부정적인 영향을 미친다. 또한 행동 개선에도 전혀 도움이 되지 않는다.

엄마들은 아이와 대화를 할 때 무조건 가르치려고 하는 경향이 있다. 무엇이 문제이며, 그것에 대한 정답은 무엇인지 알려주려고 한다. 그러나 이러한 일방적 소통은 아이가 어릴 때에는 가능할지 몰라도, 성장할수록 문제가 된다. 또한 문제와 상관없는 스트레스나 부정적인 감정을 아이에게 표현하는 것도 조심해야 한다. 자신도 모르게 훈육과 교육이라는 명목 하에 감정을 쏟아 내는 경우가 있다. "자꾸 말 안 들으면 이번 달 용돈 없어!", "어쩌다 너 같은 아이가 태어나서." 등의 감정적인 말은 아이에게 너무나도 큰 상처가 된다. 만약 감정을 주체할 수 없을 경우, 아이의 말을 가만히 들어보는 것도 하나의 방법이 될 수 있다. 문제에 대한 아이의 생각을 들어보는 것이다. 이제는 그저 엄마라는 이름으로 아이에게 잔소리만 하지는 말자.

결과를 칭찬하는 엄마

아이: 엄마! 오늘 성적 나왔어요!

엄마: 그래? 먼저 이야기하는 걸 보니 성적이 만족스러운가 보구나.

아이: 네. 이번에 수학 100점 받았어요!

엄마: 정말? 네가 100점 맞아서 자랑스럽구나. 참 잘했다.

아이 : 정말요? 엄마, 그럼 만 원만 주세요.

엄마 : 좋아. 다음에도 100점 맞으면 그때는 용돈을 올려줄게.

아이가 성적을 잘 받아오면 엄마들은 마치 본인이 100점을 받은 것 같은 착각이 들 정도로 기분이 좋다. 아이의 입장에서 생각해 봐도 100점을 받아서 기쁘다. 하지만 궁극적으로 결과에 대한 칭찬은 아이를 성장시키지 못한다. 결과에 대한 칭찬은 아이에게 부담감으로 다가오기 때문이다. 모든 시험에서 매번 100점을 받는 것은 사실상 불가능하다. 그렇기에 아이들은 다음 번에도 100점을 받지 못하면 엄마의 칭찬을 받지 못할 것이라고 생각하여 불안해한다. 그 결과, 아예 성적을 숨기거나 거짓말을 하게 된다.

아이는 열심히 노력했지만 결과가 좋지 않을 수도 있다. 이럴 때 일부 엄마들은 "믿고 맡겨 놨더니 어떻게 된 거냐!", "너는 왜 그 모양이니?", "내가 너 때문에 못 살겠다." 등 아이의 마음을 아프게 하는 말을 한다. 좋은 성적을 거두지 못한 아이에게는 격려가 필요하다. 방법이 잘못된 것이지, 아이의 노력을 비난하지는 말자. 좋지 못한 결과이지만 노력에 대한 격려와 응원은 아이에게 다음에도 도전할 수 있는 힘이 된다. 반면 결과에 대한 칭찬이나 비난만을 받은 아이는 더 이상 노력하려는 생각을 하지 않게 된다. 그러므로 결과에 대한 이야기를 하고 싶을 때는 칭찬이나 비난이 아닌, "열심히 했는데 결과가 좋지 않았구나.", "조금 더 노력한다면 다음 번에는 좋은 결과가 있을 거야." 등의 격려와 응원을 해주자.

미국 캘리포니아대학교에서 심리학과 교수로 재직 중인 로젠탈Robert Rosenthal 의 연구 결과를 보면, 칭찬의 말을 들은 아이들이 칭찬의 말을 듣지 못한 아이들에 비해 어휘 능력과 지적 수준 모두가 높은 것으로 나타났다. '결과에 대한 칭찬'은 칭찬을 받으려는 것이 목표가 된다. 반면 아이들의 '노력에 대한 칭찬'은 자신감을 살려주고 의욕을 불러일으킨다. 엄마의 욕심 때문에 아이의 성적에 연연하지 말자. 그리고 노력에 대한 칭찬을 해주자. 지금 당장 100점을 받는 것보다 중요한 것은 아이들이 성장하면서 목적을 가지고 스스로 노력하는 습관을 가지는 것이다. 이를 위해 구체적으로 칭찬을 하는 방법은 파트 3에서 자세히 다룰 예정이다.

엄마는 아이들이 어떤 잠재력을 가지고 있는지 잘 알지 못한다. 또 아이들이 어떤 어른으로 성장할지 알 수 없다. 하지만 엄마가 강요하고 부담을 주고 잔소리를 한다면, 아이의 성장 가능성은 점차 사라지게 된다. 우리 아이가 세상의 중심이 되는 시대는 엄마들이 예측하기 어려운 새로운 세상이다. 그러므로 엄마들은 그저 아이가 스스로 잘 해낼 수 있도록 도와 주기만 하면 된다. '정해진 틀' 속에서 성장한 아이는 자신의 분야에서 새로운 가치를 만들어 낼 수 없다. 즐겁다고 생각하는 일에 기꺼이 노력하는 'FUN'한 아이로 키우고 싶은가? 그렇다면 지금 바로 강요나 잔소리를 멈추고, 칭찬을 하자.

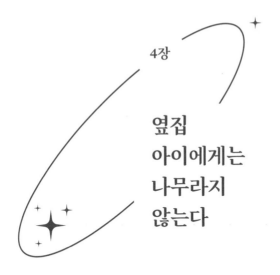

4장

옆집
아이에게는
나무라지
않는다

앞에서 이미 언급하였듯이 아이를 잘 키우려는 욕심에 엄마들은 아이를 다그친다. 그래서 자신의 엄마에게 들었던 잔소리나 훈육 방법 등을 반복한다. 그런데 자신의 아이에게는 함부로 말하면서 남의 아이에게는 조심스럽게 말하는 엄마가 많다. 혹시 여러분이 그렇지는 않은가? 엄마가 아이를 따뜻한 마음으로 이해할 때 아이에게도 남을 배려하는 마음이 생긴다. 아이를 소유물로 생각하고 가르치거나 통제하려고 하면 아이에게 또 다른 상처가 된다. "내 자식이니깐 그래도 괜찮은 거 아냐?"라고 생각하는 엄마의 말을 알아보자.

아이를 가르치려는 엄마

아이 : 엄마, 공부를 해야 하는 이유가 뭐예요?

엄마 : 생뚱맞게 지금 무슨 소리를 하는 거야. 남들 다 하니까 하는 거지.

아이 : 공부하는 게 너무 힘들어요. 이렇게 어려운 걸 왜 하는 건지….

엄마 : 공부가 당연히 힘들지. 안 힘들겠어? 그래도 엄마는 어렸을 때 정말 열심히 공부했어. 안 그러면 인생이 너무 힘들어지니까. 꾹 참고 하는 수밖에 없어. 그래야지만 스스로 인생을 선택할 수 있는 길이 열리거든. 어른이 되어서 후회를 하지 않으려면 지금부터 열심히 해야 해. 그러니까 포기할 생각하지 말고, 끝까지 최선을 다해.

엄마들은 아이에게 늘 공부를 잘해야 어른이 되어서 후회하지 않는다고 말한다. 공부를 잘해야 꼭 인생에서 성공하는 것은 아니지만, 경험상 그게 좋다고 가르치는 것이다. 그런데 이제 막 성장하기 시작한 아이들이 '인생', '후회', '포기'라는 말에 대해 진지하게 생각해 봤을까? 물론 생각해보는 아이들도 있겠지만, 대부분의 아이들은 이러한 말에 대해 진지하게 생각해 보지 않는다. 게다가 이러한 말은 어른들도 답하기 어려운 말이다. 따라서 이러한 표현들은 아이들의 입장에서 전혀 와 닿지 않는 표현이다. 아이들의 발달 과정 특성상 '오늘만 산다'라고 생각하면, 아이들을 이해하는데 많은 도움이 된다. 그러므로 '숙제나 공부', '책 읽기' 같이 오늘만 사는 아이들의 흥미를 끌지 못하는 것들을 시키기 위해서는 엄마의 도움이 필요하다. 즉 엄마는 아이의 잠재력을 이끌어내는 코치로서의 역할을 해야 하는 것이다.

그렇다면 코치로서의 엄마의 역할은 무엇일까? 일본 시젠칸대학교 교수인 에노모토 히데다케(榎本英剛)는 자신의 저서 『마법의 코칭』에서 코칭의 3가지 철학에 대해 다음과 같이 말하였다.

"제1철학, 모든 사람에게는 무한한 가능성이 있다. 제2철학, 그 사람에게 필요한 해답은 모두 그 사람 내부에 있다. 제3철학, 해답을 찾기 위해서는 파트너가 필요하다."

'코칭 coaching'의 어원은 네 마리의 말이 이끄는 마차를 가리키는 '코치 coach'로부터 비롯되었다. 마차가 사람을 목적지로 운반한다는 의미에서 목표에 이를 수 있도록 인도한다는 뜻으로 변한 것이다. 코칭의 철학은 학자마다 조금씩 다르지만, 어원을 생각하면 이해가 쉽다. 즉 엄마들은 아이들이 가지고 있는 능력을 발휘하도록 이끄는 역할을 해야 한다고 생각하면 된다. 미국 템플대학교 초대 학장인 로라 카넬Laura H. Carnell 교수는 대화 단절의 원인으로 부모의 '강의 본능'과 '비판 본능' 2가지를 꼽았다. 엄마는 아이가 뻔히 보이는 실패를 경험하지 않게 하기 위해 지루한 강의를 하듯이 했던 이야기를 계속 반복한다. 또 아이의 행동이 어떠한 결과를 초래할지 알기 때문에 무작정 날카롭게 비판을 한다. 하지만 아이에게 있어 엄마는 가르치는 선생님이 되어서는 안 된다. 먼저 "엄마도 어렸을 때 공부가 진짜 하기 싫었었지."라고 공감을 해주자.

아이를 위협하는 엄마

엄마 : 지금 뭐 하는 거야!

엄마 : 당장 일어나지 못해!

엄마 : 한 번만 더 그렇게 행동해 봐.

엄마 : 너 정말 혼나고 싶어?

엄마 : 솔직히 말해. 이거 네가 한 짓이야?

엄마 : 계속 그런 식으로 할 거지?

엄마들이 아이를 야단치거나 위협할 때 종종 사용하는 말이다. 이 말을 들은 아이는 두려움을 느끼게 된다. 엄마들은 두려움을 이용해 아이를 쉽게 통제하려고 한다. 하지만 이런 위협은 곧 아이가 엄마의 말에 크게 신경을 쓰지 않게 만들며, 또 혼나지 않으려고 잔 꾀를 부리게 만든다. 즉 정작 중요한 상황에서 훈육이 통하지 않게 되는 것이다. 게다가 이런 아이는 늘 강압적으로 행동을 선택해 왔 기 때문에 책임감이 없다. 남을 배려하지 못하게 되고 오히려 위협 적으로 행동하는 아이가 되는 것이다. 따라서 아이에게 위협하는 말을 하면 안 된다.

어린이와 가족 문제 전문가이자 아동 심리학자인 케네스 콘드 렐 Kenneth N. Condrell 은 부모가 아이에게 야단치지 않기 위해 먼저 다음 질문을 스스로 해보라고 조언한다.

첫 번째, 지금 야단쳐서 행동을 고치지 않으면 가장 큰 문제가 무엇인
가? 아이의 미래에 문제가 생기는 일인가?
두 번째, 지금 일어난 일이 아이의 안전에 심각한 문제가 되는 일인가?
세 번째, 내 아이 말고 다른 아이가 똑같은 행동을 해도 나는 야단을
칠 것인가?

며칠 동안 똑같은 옷을 입겠다는 아이와 장난으로 무단 횡단을 하겠다는 아이가 있다. 이때 며칠 동안 똑같은 옷을 입는 것과 같이

아이에게 심각한 문제가 발생하지 않는 행동이라면, 쉽게 야단치지는 말아야 한다. 대신 무단 횡단과 같이 문제가 되는 행동은 단호하게 훈육해 그 상황의 심각성을 알려주어야 한다. 그렇다면 엄마가 쉽게 야단을 치거나 위협하는 말을 하는 것은 왜 나쁜 것일까? 미국 서던캘리포니아대학교의 너새니얼 패스트Nathanael J. Fast 교수와 캘리포니아대학교의 세레나 첸Serena Chen 교수가 '권력과 화를 잘 내는 기질'에 대한 심리 실험을 진행하였다. 실험 결과 '힘은 있지만 스스로 무능하다고 생각하는 사람들이 화를 가장 잘 냈다.'라는 결론이 내려졌다. 엄마가 화를 내는 것도 마찬가지이다. 엄마는 부모와 자식 간의 관계를 지나치게 상하 관계라고 생각한다. 또 자녀 교육을 하다 보면 지치고 힘이 든다. 그렇기 때문에 화를 내고, 아이를 위협하는 말을 하며 통제하는 것이다. 혹시 내가 그러고 있지는 않은지 스스로 돌아볼 필요가 있다.

아이를 소유물로 생각하는 엄마

아이가 같은 실수를 또다시 반복하고 말았다. 이때 "또 그랬어?", "엄마가 지난 번에 뭐라고 했어?"라고 말하게 되면, 아이는 엄청난 스트레스를 받는다. 아이의 입장에서는 지나간 과거까지 다시 혼나게 된 것이기 때문이다. 게다가 엄마의 의도와는 다르게 아이 스스로 '매일 똑같은 실수를 하는 아이', '항상 문제가 있는 아이' 라고 생각하게 된다. 고객을 상대로 일하는 사람들 중에 "고객님, 또 그러셨어요?", "사장님, 제가 지난 번에 뭐라고 했나요?"라고 말하는 사람은 없지 않은가. 이러한 표현은 모욕을 주는 표현이다. 우리 소중한 우리 아이를 이렇게 대해서는 안 된다.

이렇게 모욕당하는 말을 들으면 누구나 기분이 나쁘고 피곤해진다. 과거부터 지금까지 계속 잘못하고 있다는 말이기 때문이다. 따라서 아이의 과거를 언급하거나 비난하는 말을 하면 안 된다. 아이가 실수를 반복했다면, 이를 분석하고 응원해주면 된다. "실수를 했구나. 다음 번에는 조심하자.", "중요하기 때문에 엄마가 여러 번 이야기한 거야. 다음에는 잘 지켜줘."라고 말이다. 아이를 모욕하지 않고 엄마의 마음을 전달하도록 하자. 그래야 엄마와 아이 모두 마음이 편하다.

우리는 아이와의 갈등을 어떻게 해결하는가? 때론 겁을 주거나 야단을 쳐서 해결하지 않는가? 이것은 엄마가 아이를 소유물이라고 생각하기 때문에 발생하는 잘못된 훈육 방법이다. '내 자식이니까 괜찮다.'라는 생각은 잘못된 생각이다. 이럴 때는 아이와의 심리적 거리를 두는 것도 하나의 해결 방법이 된다. 옆집 아이에게는

"너는 도대체 왜 그러니?"라고 하지 않는다. 하지만 우리 아이에게 는 이보다 심한 말도 쉽게 한다. 이것은 심리적인 거리가 가까워서 생긴 현상이다. 화가 날 때 우리 아이를 '옆집 아이'라고 생각해 보자. 우리가 일정한 거리감이 있는 옆집 아이에게는 마음에 들지 않는 행동을 해도 일부러 웃어 주는 것처럼, 우리 아이에게 화가 날 때도 그렇게 한다면 확실한 효과가 있다.

'소중한 우리 아이'라고 말하면서 아이에게 함부로 말하지 않았는지 생각해보자. 아이는 엄마의 소유물이 아니다. 아이도 엄연한 인간이다. 아이가 한 명의 인격체로 존중받을 때, 남을 배려하는 마음도 길러진다. 성장이라는 과정 중에 있는 아이를 이해하자. 그리고 쉽게 화를 내거나 야단을 치지 말자. 아이에게 두려움을 줄 것이 아니라 이성과 논리를 통해 동기를 부여해야 한다. 그랬을 때 아이는 합리적이고 올바른 선택을 하는 어른으로 성장한다. 이제 더 이상 내 자식이라고 쉽게 말하는 엄마가 되지 말자.

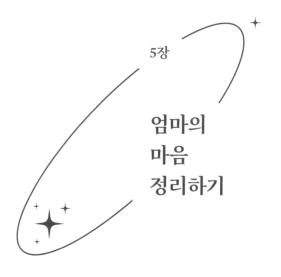

5장

엄마의
마음
정리하기

이 책을 읽고 있는 엄마들은 알고 있다. 아이에게 있어 무엇보다도 중요한 것이 바로 '엄마의 말'이라는 것을 말이다. 그러나 이러한 사실을 알고 있어도 아이에게 늘 '쉽게' 말하게 된다. 왜 그런 것일까? 우선 대부분의 엄마들이 아이에게 어떻게 말해야 하는지 모르고 있는 것도 하나의 이유가 될 수 있다. 하지만 더 중요한 것은 아이에게 말하기 전 엄마의 몸과 마음의 상태 때문이다. 엄마는 맞벌이를 하거나 전업 주부로 일하며, 아이들을 양육한다. 당연히 체력이 부족할 수밖에 없는 상황에서 아이들을 돌보고 있다. 또 매번 똑같이 행동하는 아이들을 보면 마음도 피

곤해진다. 게다가 남편과 조부모님은 옆에서 감 놔라 배 놔라 하며
더욱 힘들게 한다. 따라서 몸과 마음 모두가 지쳐있는 상태가 되고
만다. 이렇게 힘들고 외로운 순간들이 쌓인 상태에서는 당연히 아
이에게 좋은 말을 할 수가 없다.

엄마의 체력 고갈

#1. 맞벌이 엄마
....

엄마: 부장님, 오늘은 조금 일찍 들어가 보겠습니다.

부장: 김 대리, 대신 내일까지는 꼭 처리해야 해. 알겠지?

엄마: 네, 알겠습니다.

부장: 무리한 부탁이지만 꼭 좀 처리해줘. 이렇게 가다가는 정말 큰일
　　　날 것 같아서 그래.

엄마: 네, 네. 반드시 해결하겠습니다.

#2. 전업주부 엄마
....

아이: 다녀왔습니다. 엄마, 나 배고파. 먹을 것 좀 줘.

엄마: 응, 수고했어. 엄마가 빨래만 널고 챙겨 줄게.

아이: 엄마 나 배고프단 말이야. 빨리.

엄마: 그래, 알았어. 조금만 기다려.

아이: 엄마, 나 오늘 무슨 일이 있었는지 알아? 엄마, 내 얘기 좀 들어봐.

집 밖에서 그리고 집 안에서, 또 직장이 있든 직장이 없든, 우리 엄마들은 늘 최선을 다하고 있다. 다만 이런 상황이 하루 이틀이 아니기 때문에 엄마들의 체력은 이미 고갈된 상태이다. 직장에서는 상사의 업무에 대한 압박 때문에 힘이 들고, 눈치가 보인다. TV 드라마에 나오는 워킹맘처럼 일하고 싶지만 잘 되지 않는다. 집에서는 에너지가 넘치는 아이들을 상대하기가 벅차다. 어릴 적 나는 이렇게까지 엄마를 귀찮게 하지 않았던 것 같은데, 내 아이들은 왜 이렇게 귀찮게 하는지, 결국 몸은 지치고 자연스럽게 짜증이 난다. 상황이 이렇다 보니 아이들을 보면 안 좋은 감정이 먼저 생긴다.

엄마의 체력은 집안의 분위기를 좌우하는 중요한 요소이다. 그러므로 먼저 몸이 지치지 않게 노력을 기울여야 한다. 유튜브에 검색해보면 집에서 할 수 있는 간단한 운동 영상이 많이 나온다. 집에서 뛰지 않고 하는 운동이더라도 운동 효과는 충분하므로 마음에 드는 영상을 골라 따라해 보자. 시간이 없다거나 아이들이 통제가 되지 않아 볼 수 없다는 것은 핑계에 불과하다. 아무리 시간이 없어도 30분 정도는 낼 수 있지 않은가. 또 엄마가 무엇인가를 하고 있으면, 아이들은 엄마가 하고 있는 것에 관심이 생긴다. 그러면 자연스럽게 아이들도 운동에 동참시킬 수 있다.

　체력 관리를 하는 데 있어서 가장 중요한 것은 역시 잘 먹는 것이다. 직장에 다니는 엄마들은 점심시간을 활용해서 몸에 좋은 음식을 챙겨 먹자. 동료들에게는 오늘 약속이 있다고 하면 된다. 이렇게까지 해야 하나 싶지만, 익숙해지면 나만의 런치 타임을 즐기게 될 것이다. 한편, 이러한 건강 관리는 집에서도 가능하다. 집에서는 오히려 더 좋은 것들을 챙겨 먹을 수 있다. 소고기를 구워 먹어도 좋고, 백숙 및 제철 보양식 등을 포장해 와서 먹어도 좋다. 영양제도 챙겨 먹는다. 하교 후, 정신 없이 잘 먹고 잘 노는 우리 아이들은 잠시 옆집 아이라고 생각하고 종합 비타민, 비타민C, 비타민D, 오메가3 등을 챙겨 먹도록 하자. 남편은 저녁에 챙겨주더라도 내가 먼저 필요한 것을 먹어야 한다. 조금 황당한 방법이지만, 이 정도로 엄마 스스로 건강을 챙겨야 한다. 효과는 확실할 것이다.

엄마의 멘탈 붕괴

#1. 엄마만 찾는 아이
....

아이 : 엄마, 이거 야채 안 먹을래. 밥도 먹기 싫어.

엄마 : 골고루 먹어야지.

아이 : 엄마, 내 빨간색 옷 어디 있어? 그 옷 아니면 안 입을 거야.

엄마 : 두 번째 서랍 열어보면 있을 거야. 잘 찾아봐.

아이 : 엄마, 나 학원가기 싫어. 공부하기 싫단 말이야.

엄마 : 학원은 가야지. 가기 싫다고 안가면 안 돼.

#2. 아내만 찾는 남편
....

남편 : 여보, 오늘 늦을 수도 있어. 대신 애들 좀 데려와야겠어.

아내 : 오늘? 나도 늦게 끝날 것 같은데, 일단 알겠어.

남편 : 여보, 나 양말 좀 챙겨줘. 그리고 하늘색 와이셔츠는 어디 있지?

아내 : 양말 여기 올려둘게. 와이셔츠는 다려서 옷장에 걸어 놨어.

남편 : 여보, 저녁 먹을 거 뭐 있어? 배고프네.

아내 : 나도 지금 왔어. 잠깐만 기다려줘. 금방 차려줄게.

직장을 다니는 엄마나 전업 주부로 가정에 헌신하는 엄마나 대한민국의 모든 엄마들은 하루하루 전쟁 같은 삶을 살고 있다. 오직 우리 아이가 잘 되기만을 바라며 고생한다. 남편이 꼭 승진하기를 바라며 갖은 노력을 한다. 그런데 왠지 마음이 공허하다. 게다가 아이는 이런 엄마의 마음을 아는지 모르는지 잔소리와 짜증을 유발한다. 그렇다고 남편이 나의 마음을 아는 것도 아니다. 나에게 하는 말과 행동을 보면 모르는 게 틀림없다. 이러한 상태에 놓인 엄마들이기에 아이가 조금만 잘못을 해도 전보다 심하게 화를 낸다. 그리고 아이는 엄마를 이해하지 못하고 어리둥절해 하거나 원망을 한다.

이럴 때 엄마는 집안일과 회사에서 잠시 멀어져야 한다. 직장에 다니는 엄마들이 쉽게 지치는 이유 중 하나는 휴가를 내서도 집안일을 처리하기 때문이다. 잠시라도 집과 회사에서 벗어나 비슷한 상황을 겪고 있는 엄마들과 차를 마시며 가볍게 수다를 떨어보자. 서로 공감하고 위로하는 과정을 통해 스트레스를 해소할 수 있다. 집에만 있다가 낮잠을 자는 것은 전혀 도움이 안 된다. 밖에 나가서 산책을 하고 일광욕도 해보자. 낮에 햇볕을 충분히 쬐면 멜라토닌이 분비되어 숙면에 도움이 된다. 또 혈관이 확장되어 혈압이 낮아지는 효과도 있다.

집 밖으로 잠시라도 나가기 어려운 경우에는 집에서 할 수 있는 간단한 스트레스 해소법을 이용하면 된다. 바로 복식 호흡이다.

화가 났을 때 크게 숨을 쉬는 것만으로도 잠시 주변 상황을 돌아볼 수 있으며, 마음의 안정도 찾을 수 있다. 먼저 배를 불룩하게 만들면서 숨을 깊게 들이마신다. 이후 2~3초간 잠시 숨을 참은 뒤, 길고 천천히 숨을 내뱉는다. 이를 수 회 반복하자. 그러면 우리 몸에서 세로토닌이 분비된다. 세로토닌은 행복한 감정을 느끼게 해주고 스트레스를 줄여주는 효과가 있다. 이처럼 간단한 복식 호흡만으로도 충분히 감정을 조절할 수 있다.

엄마의 육아 환경

초등학생 아이를 며칠 동안 시댁에 맡겼더니 트로트 신동이 되어서 돌아왔다. 할아버지와 할머니와 함께 트로트 오디션 프로그램을 시청한 것이다. 아이의 입에서 '막걸리 한 잔'이라는 노랫말이 나올 때마다 엄마의 머리는 아찔해진다. 게다가 그동안 먹지 못했던 과자나 인스턴트 식품도 많이 먹은 탓에 왠지 살도 찐 것처럼 보인다. 이러한 상황에서 남편은 그럴 수도 있다며, 대수롭지 않은 반응을 보인다. 아이는 그날 이후로 동요를 잊었고, 할아버지 할머니 집에 매일 가고 싶다고 한다. 조성은스피치아카데미에 다니는 초등학교 수강생 엄마의 하소연이다.

    엄마가 양육에 대한 스트레스를 받는 또 다른 원인은 바로 양육의 환경이다. 남편과의 육아 분담이나 친정 및 시댁의 높은 관심은 엄마에게는 스트레스로 다가온다. 이것은 쉽게 해결되지 않는 일이기 때문에 엄마의 스트레스만 더욱 쌓이게 되는 것이다. 남편은 육아와 가사에 대해 자신이 '도울 일'이라고 생각한다. 친정이나 시댁 역시 어떤 식으로 애들을 키워야 하는지 말씀들이 많다. 이런 상황은 반드시 개선되어야 한다. 그렇다면 남편과의 육아 분담을 해결하고, 조부모의 관심에 슬기롭게 대처할 수 있는 방법은 없을까?

    먼저 아빠가 육아를 돕는 것은 엄마의 스트레스를 해소시키는 데 큰 도움이 된다. 하지만 육아를 돕는다는 아빠의 인식에는 문제가 있다. 왜냐하면 아이를 키우는 일은 기본적으로 부부가 '함께해야 하는 일'이기 때문이다. 즉 아빠가 돕는 것이 아닌, 애초부터 함께 해야 하는 일인 것이다. 육아 정책 연구를 수행하는 국책 연구 기관인 육아정책연구소에서 〈행복한 육아 문화 정착을 위한 육아 정책 여론 조사〉를 진행하였다. 이 여론 조사는 15세 이상 국민 3천여 명에게 '부모가 자녀 양육을 어떻게 분담하는 것이 적절한가?'를 묻는 방식으로 진행되었다. 조사 결과, 양육 부담의 비율을 총 10이라고 가정했을 때, 엄마 5.74, 아빠 4.26이 적절하다는 반응이 나왔다. 이처럼 육아는 더 이상 엄마만의 일이 아니다. 아빠 역시 적극적인 행동과 실천을 바탕으로 함께 해야 하는 부부 공동의 일이다.

한편, 조부모의 관심이 부담스러운 경우에는 육아 선배로서의 도움만 받고, 나머지는 슬기롭게 대처해야 한다. 앞서 언급한 사례의 경우처럼 TV 시청에 민감한 엄마들은 일단 마음을 편하게 먹어야 한다. TV 시청이 당장 아이를 이상하게 만들지는 않기 때문이다. 또한 조부모님에게 책임을 강요하면, 서로 감정만 상한다. 이럴 때는 공감하고 부드럽게 표현하는 것이 중요하다. "어머님, 아버님이 고생이 많으세요. 요즘 손자가 스마트폰만 가지고 노는데 잘 지켜봐 주세요."라고 말이다. 손자가 마냥 예쁘지만, 조부모도 부담을 가지고 있다. 일일이 말씀드리는 것보다 조부모의 경험을 인정하고, 부탁을 드리는 게 좋다. 이때 중간에서 조부모의 마음이 상하지 않도록 남편과 아내 서로가 징검다리 역할을 잘 수행해야 한다.

아이에게 좋은 말을 해주고 싶어서 엄마들이 말투 공부를 시작했다. 이는 정말 좋은 현상이다. 다만, 이때 선행되어야 할 조건이 있다. 바로 앞에서 이야기한 엄마의 몸과 마음의 준비이다. 육아는 체력전이다. 힘에 부치면 아이에게 좋은 말을 해주기 어렵다. 따라서 몸도 마음도 단단하게 무장해야 한다. 오늘도 아이한테 한소리

했다고 자책하지 말자. 유명한 육아 전문가도 감정이 앞서는 때가 있다. 가장 중요한 것은 엄마인 여러분들의 노력이다. 한 발자국만 움직여보자. 몸도 마음도 모두 챙길 수 있다.

2
PART

───────────────✦───────────────

**아이와의
관계를 개선하는
엄마의 말투**

아이와의 관계를 개선하는 엄마의 말투

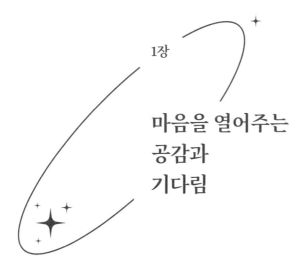

1장

마음을 열어주는 공감과 기다림

　　파트 1을 통해 엄마의 몸과 마음에 대한 준비가 필요하다는 사실과 아이에게 좋은 말을 해주기 위해서는 엄마 자신을 다스리는 게 중요하다는 사실을 알았다. 그리고 이를 통해 엄마는 모든 준비를 끝마쳤다. 그런데 과연 아이는 엄마의 말을 받아들일 준비가 되어 있을까? 아이와 유대감이 없는 상태에서 엄마 혼자 '잘 해야지.'라고 생각하는 것은 아무런 의미가 없다. '엄마의 말'이라는 씨앗을 심기 위해서는 '좋은 관계'라는 토양이 필요하기 때문이다. 따라서 이번 장에서는 아이의 마음을 열기 위해 공감하고 응원해 주는 방법에는 어떠한 것들이 있는지 알아보자.

아이와 유대감

여기 몸과 마음이 모두 준비된 엄마가 있다. 책도 읽고 강연도 많이 들으면서 어떻게 말해야 하는지 배우고, 대화 사례도 많이 연구했다. 자신감이 생기는 시점에 때마침 집에 돌아온 아이에게 물었다.

"오늘 학원에서 뭘 배웠니?"
"그냥 뭐 똑같아요."

설레는 마음으로 물었던 질문에 아이는 짧은 대답만을 남기고 말을 닫아버렸다. 또다시 질문을 했지만, 아이의 반응에 배운 대로 연결할 수가 없었다. 어떻게 해야 할지 모르겠다는 생각이 들었고, 정신을 차리고 보니 아이에게 또 잔소리를 하고 있었던 것이다. 이럴 거면 책은 왜 읽었고, 대화 사례는 왜 연구했나 싶다. 이렇듯 엄마가 배운 것처럼 아이가 대답할 것이라는 것은 큰 착각이다.

무언가 준비가 된 엄마는 지금처럼 의욕이 넘친다. "아, 내가 드디어 알았어.", "그게 문제였구나.", "칭찬은 이렇게 하면 되는구나."라고 말이다. 하지만 아이들은 엄마가 무엇을 배웠는지 모르며, 관심도 없다. 더군다나 엄마와의 관계가 틀어진 상태라면, 대화를 이어가는 것이 더욱더 어렵다. 무엇이 잘못된 걸까? 바로 엄마가 '아이와의 유대감'에 대한 중요성을 잘 모르고 있었던 것이다. 물론 책에서 읽은 대로, 또는 미디어 매체 등을 통해 알게 된 방식으로 아이에게 대화를 시도하는 것이 잘못은 아니다. 다만 아이와의 유대감이 우선시 되어야 한다는 것이다.

> 엄마: 사랑하는 우리 딸. 점심 먹자.
> 아이: 네, 잘 먹겠습니다.
> 엄마: 저녁에 아빠 오시면 치킨 시켜 먹자고 할까?
> 아이: 네, 좋아요.
> 엄마: 시험공부는 잘되고 있니?
> 아이: 뭐, 그럭저럭요.

앞의 대화 내용은 크게 문제가 없다. 좋지도 않고, 나쁘지도 않은 대화이다. 다만 엄마와 아이가 유대감이 없는 경우 자주 나타나는 현상으로, 대화가 계속 이어지지 않는다는 것이 문제이다. 아이는 엄마와의 관계에서 크게 문제를 일으키고 싶지가 않다. 그렇다고 엄마와 살갑게 대화를 나누고 싶은 것도 아니다. 이런 상황에서 엄마는 자신의 노력에 대한 생각에 마음이 불편해진다. 나의 노력과 헌신에 대한 보상 심리 때문이다. 엄마는 이런 생각이 들지 않도록 주의해야 한다. 그렇지 않으면 애써 노력하며 쌓아 온 관계가 다시 원점으로 돌아가게 되기 때문이다.

아이에게 대화를 시도했는데 잘 되지 않았다고 자책할 필요는 없다. 아동 전문가도 아이와의 모든 순간을 대비해서 대화하는 것은 어렵다. 그래서 엄마는 아이와 주로 대화하는 시간을 집중 공략해야 한다. 5분에서 10분이라도 좋다. 그 시간에 아이와 어떻게 대화할지, 어떻게 엄마의 마음을 전달할지 고민해 보자. 물론 생각한 것처럼 수월하게 진행되지는 않을 것이다. 하지만 아이에게 당장 문제가 생기는 것은 아니기 때문에 다시 공부하고 고민해서 마음을 전하면 된다. "이러다 아이가 어른이 되겠어요."라고 말할 수 있다. 그래도 엄마의 노력은 반드시 결실을 맺으니 절대 포기하지 말자.

공감하고 응원해주기

아이와 엄마가 유대감을 형성하기 위해서는 아이의 말에 공감해주고, 응원해주는 것이 중요하다. 그리고 이러한 노력은 평소에 이루어져야 한다. 짧고 직설적인 표현으로 아이를 혼내는 것은 쉽다. 하지만 아이와 공감하고 아이를 응원하는 표현은 길고도 어렵다. 아이와 엄마가 늘 좋은 감정으로 연결되길 원한다면, 단순히 대화의 형식을 외우는 것으로는 부족하다. 먼저 아이의 감정을 있는 그대로 봐주고, 다음에 어떻게 하는 게 좋을지 선택하게 해야 한다. 이것이 핵심이다. 그러면 아이는 자신을 돌아보고 스스로 행동을 개선할 수 있게 된다.

"너는 이게 성적이라고 생각하니?" 이 말을 다르게 바꿔보자. 먼저 좋은 성적을 받지 못한 아이의 마음을 헤아려야 한다. 여기에는 "너도 마음이 좋지 않겠구나.", "열심히 했는데 아쉽다." 등과 같은 여러 가지 표현을 사용할 수 있다. 그다음 아이를 응원하는 표현을 사용해보자. "어떤 점이 부족했니? 그 부분에 더 집중해보자.", "그래도 네가 열심히 노력한 것은 정말 잘했어.", "이렇게 계속 노력하면 꼭 잘 될 거야."라고 말이다. 아이에게 이야기해줄 수 있는 표현을 모두 책에 담을 수는 없다. 다만 아이와의 대화에는 공식이 있다. 관계를 개선하기 위해서는 먼저 공감하고 응원을 해야 한다는 것이다.

감정적이고 단호한 표현과 공감하고 응원해주는 표현의 예

감정적이고 단호한 표현	공감하고 응원해주는 표현
"너는 이게 성적이라고 생각하니?"	"너도 힘들겠구나. 다음에 더 노력하자."
	"괜찮아. 엄마는 네가 열심히 노력한 것은 매우 잘 했다고 생각해."
"너 엄마한테 계속 말 안 할 거야?"	"지금은 말을 하고 싶지 않구나. 엄마가 기다릴게."
	"생각이 복잡한가 보네. 나중에 얘기해 줘."
"숙제 언제 할 거야?"	"할 일이 많지? 자기 전엔 해결하자."
	"재밌겠구나. 거기까지 보고 할 수 있을까?"

앞에서 제시한 예를 한 번 살펴보자. 표에 적힌 예시처럼 감정적이고 단호한 표현도 얼마든지 공감과 응원의 표현으로 순화할 수가 있다. 다만 갑자기 바뀐 엄마의 표현으로 인해 아이들이 어리둥절할 수도 있다. '엄마가 갑자기 왜 이러지?', '또 한 번 크게 혼내려고 저러시나?'라고 말이다. 이때 엄마는 포기하지 말고 꾸준히 표현하는 것이 중요하다. 아이가 자신의 마음을 몰라준다고 해서 화를 내거나 짜증을 내면 절대로 안 된다. 원점으로 돌아가게 되면 아이들에게 더 큰 혼란이 생기기 때문이다. 또한 이런 상반된 표현 과정을 반복할수록 대화 효과 역시 사라지고 만다. 한 번도 실수하지

않는 엄마는 없다. 실수는 당연하다. 하지만 아이들은 정확히 알고 있다. 엄마가 노력을 하다가 실수를 한 것인지, 고의로 감정을 표현하는 것인지를 말이다.

유대감을 가진 아이와 엄마는 가끔 서로의 감정을 잘못 표현해도 서로 이해할 수 있다. 유대감의 바탕은 바로 아이와 엄마의 대화에서 시작되기 때문이다. 그러므로 아이와 엄마가 웃으면서 이야기하고, 서로를 배려하는 것이 중요하다. 집안 분위기를 밝고 따뜻하게 만들기 위해 노력해보자. 다음은 세계 최고의 극작가 셰익스피어가 한 말이다.

"원하는 것이 있을 때 칼로 얻으려 하지 말고 웃음으로써 그것을 이루라."

아이와 엄마가 서로를 응원하는, 즉 부모와 자식 간의 좋은 관계를 만들기 위해서는 꽤나 긴 시간이 필요하다. 엄마는 아이에게 수만 가지 이상의 말을 전달한다. 부정적인 영향을 받은 아이들은 엄마와의 대화를 피한다. 이런 경우에는 억지로 마음의 문을 열려고 하면 안 된다. 시간이 걸리더라도 엄마는 꾸준히 노력을 해야 한다. 이제 공감하고 응원하는 대화를 해보자. 우리 아이 마음의 문을 여는 열쇠는 바로 엄마의 노력이다.

2장

입사한지
3년 vs.
30년

엄마들은 아이들보다 적게는 20여 년, 많게는 30여 년 이상 먼저 태어나 세상을 경험하였다. 하지만 그런 엄마들과는 달리 이제 막 세상을 경험하기 시작한 아이들은 늘 이 세상이 신기할 따름이다. 아이들은 호기심이 왕성한 모험가이다. 이 모험가가 무엇을 발견하고, 어떤 것을 만들어 낼지는 어느 누구도 알 수가 없다. 그런데 엄마들은 세상의 경험이 많다는 이유 하나만으로 아이들에게 미리 정답을 알려주려고 한다. 호기심이 왕성한 모험가들의 손에 이미 완성된 지도를 쥐어주려고 하는 것이다. 그러나 아이들에게 어른들의 생각을 강요해서는 안 된다. 아이의 말을 경청하고, 아이의 행동을 기다려줘야 한다. 이번에는 세상에 하나 뿐인 나의 모험가가 꿈을 잃지 않고, 계속해서 나아가도록 하는 방법에 대해 알아보자.

엄마의 대답

#1. 대신 대답하는 엄마
....

이웃 아주머니 : 어머, 이제 의젓하게도 다니는 구나.

아이 : 음….

엄마 : '안녕하세요'라고 해야지.

아이 : …….

이웃 아주머니 : 어디 가는 길이니?

엄마 : 네, 학원에 가는 길이에요.

엘리베이터에 타면 가끔 이런 대화를 들을 수 있다. 초등학교 저학년 또는 그보다 어린 아이들과 부모와의 대화이다. 아이들은 아직 생각을 말로 표현하는 능력이 부족하기 때문에 무언가 생각한 것을 이야기하는 데 시간이 오래 걸린다. 그런데 이때 엄마는 대답을 위해 생각하는 시간이 오래 걸린다는 이유로, 아이의 대답을 대신 말해준다. 자신의 생각을 아이의 대답인 것처럼 대신 말해주는 것이다. 그러나 이렇게 되면 아이의 의도가 무시되고, 아이 스스로 더 이상 생각을 하지 않게 된다. 게다가 아이의 마음을 헤아리지 못하게 되어 성장에도 방해가 된다. 결국 아이의 마음이 엄마에게서 차츰 멀어지게 되는 것이다. 대신 말해주지 말고, 아이 스스로 차분하게 말할 수 있도록 아이를 믿고 기다려주자. 이때는 아이의 감정을 공감해주는 표현을 사용하면 된다.

#2. 알려주는 엄마
....

아이 : 엄마, 이건 잘 모르겠어요.

엄마 : 이게 답이지. 이렇게 풀어.

아이 : 네….

#3. 질문하는 엄마
....

아이 : 엄마, 이건 잘 모르겠어요.

엄마 : 그렇구나. 엄마도 궁금한데 어떻게 하면 좋을까?

아이 : 책은 어려워요. 인터넷에서 쉽게 설명한 게 있나 볼까요?

엄마 : 좋은 생각이야. 인터넷에 뭐라고 검색할까?

아이가 성장하면서 어떤 문제에 직면하는 것은 당연한 일이다. 이때 엄마가 "이렇게 해!"라고 정답을 알려주는 것은 좋지 않다. 이는 아이가 새로운 시도를 할 때도 마찬가지다. "그렇게 해도 안 돼.", "이렇게 해야 돼."라고 대신 해결해 주어서는 안 된다. 이런 경우에는 아이 스스로 생각하면서 문제를 해결할 수 있게 질문을 던져주어야 한다. "어떻게 하는 게 좋겠니?", "이 방법과 저 방법 중에 어떤 게 더 좋을까?"라고 해보자. 아이와의 관계도 좋아지는 효과가 있다. 아이 스스로 생각하는 것이 습관이 되면, 아이는 문제에 직면할 때 자신에게 질문하고, 해결책을 찾는다. '이럴 때는 어떻게 하는 것이 좋을까?'라고 말이다.

엄마의 듣기

#1. 듣지 않는 엄마
....

엄마 : 아이고, 이게 뭐야. 라면이잖아!

아이 : …….

엄마 : 이불 속에 컵라면을 넣어 놓으면 어떻게 해! 어떻게 청소하냐고!

아이 : 그게 엄마가….

엄마 : 엄마가 뭐! 너 때문에 정말 못살겠다.

#2. 들어 주는 엄마
....

엄마: 라면이잖아! 라면이 왜 이불 속에 있지?

아이: …….

엄마: 괜찮아. 말해봐! 라면을 이불 속에 넣은 이유가 있을 거잖아.

아이: 그게 엄마가….

엄마: 엄마가 왜?

아이: 엄마가 따뜻하게 드시라고….

엄마: 아, 그랬구나. 네가 그런 기특한 생각을 다 했구나.

아이들이 무언가 말을 하려고 할 때, 답답하다는 이유로 아이의 말을 듣지 않고, 엄마가 먼저 말하는 경우가 있다. 이는 아이의 말을 들을 필요가 없다고 생각하는 어른들의 잘못된 생각에서 나오는 행동이다. 하지만 엄마는 아이의 말을 끝까지 들어줘야 한다. 아이가 무슨 생각을 하면서 그런 행동을 한 것인지 알아봐야 하기 때문이다. 앞 예시문의 경우, 늦은 시간 퇴근을 하는 엄마를 위해 아이가 한 행동이다. 엄마에게 조금이라도 따뜻한 컵라면을 대접하기 위해 이불 속에 라면을 넣어두었던 것이다. 이렇듯 아이의 잘못된 행동에 대해 나무라기만 한다면, 아이와 정서적으로 공감대를 형성할 수가 없게 된다. 그러므로 아이가 먼저 의견을 이야기하도록 귀를 기울여 들어주도록 하자. 훈육은 그다음 문제이다.

전 세계 어린이들의 사랑을 받는 책 『찰리와 초콜릿 공장』의 작가인 로알드 달 Roald Dahl 은 어른들에게 다음과 같은 충고를 던졌다.

"무릎 꿇고 허리를 낮춰 한 시간만 아이로 살아보라. 손을 내리고 무릎을 꿇고 몇 주 만이라도 어린이들처럼 살아보면 '어떤 일은 해라, 어떤 일은 하지 마라.'라고 늘 명령하는 거인을 항상 올려다보고 살아야 한다는 사실을 알게 될 것이다."

엄마에게도 이런 거인이 있다면 어떨까? 생각만 해도 아찔할 것이다. 혹시 여러분은 아이들에게 명령만 하는 거인은 아닌가?

엄마의 행동

#1. 기다리지 못하는 엄마
....

엄마: 자, (신발을 내밀며) 빨리 신발 신자.

엄마: 휴대폰 그만 보고, (숟가락을 내밀며) 딱 세 숟갈만 먹자.

엄마: 내일 가져갈 준비물은 챙겼니?

#2. 기다려주는 엄마
·····················

엄마 : 밖에 나가려면 신발을 신어야지.

엄마 : 식사 시간에는 식사에만 집중해야지.

엄마 : 내일 챙겨야 할 준비물을 스스로 준비해볼까?

아이의 행동이 느리다고 대신 신발을 신겨주거나 밥을 먹여주
는 엄마가 있다. 또 아이의 준비물을 챙겨주거나 내일 입을 옷을 준
비해주는 엄마도 있다. 하지만 이는 엄마가 해야 할 일이 아니다.
아이 스스로 해야 할 일을 엄마가 대신 챙겨주게 되면, 숙제나 준비
물을 챙기지 않고 학교에 가서는 "엄마가 안 챙겨주셔서 그래요."
라고 말을 하게 된다. 즉 자율성과 책임감이 부족한 아이로 성장하
게 되는 것이다. 따라서 엄마는 감당할 수 있는 결과에 대해서는 시
간이 오래 걸려도 격려와 함께 기다려주어야 한다. 그러다가 정말
필요한 순간에 살짝만 도움을 주면 된다. 아이를 위해 모든 것을 해
주는 것이 아이와의 관계를 마냥 좋게 만드는 것은 아니다.

다음은 아동 심리학자 데일 야곱이 자신의 저서 『입술을 봉하
라 Element 』에서 한 말이다.

"우리가 살아가면서 무슨 일을 하든지 거기에는 반드시 결과가 있

기 마련이다. 만약 전기세를 내지 않는다면, 집에서 전기의 혜택을 받지 못할 것이고, 일을 잘못하거나 직장에 출근하지 않으면 해고 당할 것이다. 이렇듯 자녀들이 스스로 책임지는 것을 배우게 하려 면 엄마는 자녀들 스스로 선택한 것에 대하여 책임져야 할 결과를 경험하게 해야 한다."

아이와의 관계를 개선하기 위해서는 상호 간의 신뢰가 필요하 다. 그러므로 엄마가 인생의 경험이 더 많다고 해서 미리 답을 정하 거나 해야 할 일을 대신해 주면 안 된다. 이러한 행동은 아이의 성 장에 도움이 되지 않을 뿐더러 엄마와의 관계를 멀어지게 만든다. 아이가 스스로 생각하고 행동할 수 있도록 경청하며 기다려주자. 그래야 아이가 엄마를 진심으로 신뢰하게 된다. 다만 부모와 자식 도 인간 관계이기 때문에 신뢰를 쌓기 위해서는 어느 정도 시간이 필요하다. 따라서 너무 조급해하지 말고, 아이를 믿으면서 차분하 게 기다리자. 관계에 대한 믿음이 엄마의 말을 받아들이게 하는 좋 은 밑바탕이 될 것이다.

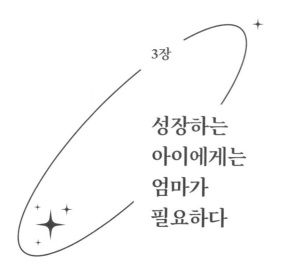

3장

성장하는 아이에게는 엄마가 필요하다

아이가 성장하는 과정에서 부모의 역할은 매우 중요하다. 부모는 아이가 한 명의 인간으로서의 역할을 다할 때까지 성장에 필요한 의식주를 제공한다. 또한 부모는 정서적으로 안정감을 주고 성장을 완성하도록 이끌어준다. 이렇듯 성장하는 아이에게는 부모가 필요하고, 올바른 성장을 위해서는 부모와의 대화가 매우 중요하다. 아이와의 관계에서 문제가 있다고 아이를 내쫓는 부모는 없다. 하지만 그 관계를 개선하려고 하지 않고, 방치하는 부모는 있다. 문제를 해결하고 성장을 완성하는 것 모두, 대화가 중심이 되어야 한다. 대화가 바탕이 되지 않으면, 그 어떤 것도 소용이 없기 때문이다. 이번에는 아이의 성장에 필요한 엄마의 대화에 대해서 알아보자.

엄마의 존재

"빨리 일어나. 지금이 몇 시야?"
"얼른 씻고 옷 입어."
"얼른 밥 먹어."
"빠뜨린 것 없지?"

엄마가 하루 중에 가장 바쁠 때는 언제일까? 바로 아침이다. 엄마의 출근 여부와는 관계없이 매일 아침에 집은 전쟁터를 방불케 한다. 아침 식사를 준비하면서 동시에 남편의 출근 준비를 도와주고, 아이의 등교도 준비시키는 등 정신이 없다. 하지만 아이는 엄마의 마음을 아는지 모르는지, 집을 나갈 시간이 되었는데도 일어날 생각이 없다. 혹여나 일어나더라도 서둘러야겠다는 생각은 전혀 하지 않는 듯, 한없이 느긋하기만 하다. 상황이 이렇게 되면 엄마의 마음만 급해진다. 그리고 이는 아이를 다그치게 하는 원인이 된다. 정말 마음 같아서는 아무도 챙겨주고 싶지가 않다. 오죽하면 남편과 아이들이 엄마 없는 아침을 겪으며, 엄마의 소중함을 느껴보길 바라는 생각을 할까. 이렇듯 아이를 등교시키기까지 시간이 금방 지나간다. 이런 광경은 한 세대가 지나도 변함이 없다.

한 명의 아이가 세상에 태어나면 부모의 도움 없이는 성장할 수 없다. 아이에게는 먹을 것이 필요하며, 깨끗한 옷과 안전하게 지낼 곳이 필요하다. 또한 의식주가 해결이 되어도 정서적으로 안정이 되지 않으면, 아이는 제대로 성장할 수가 없다. 아이의 성장에 있어 정서적 안정은 필수적인 요소이기 때문이다. 늘 반복되는 아침이라면 엄마는 어떻게 해야 할 것인가. 단순히 밥을 먹이고, 학교에 늦지 않게 보내는 것이 전부가 아니다. 마음을 다해 아이를 사랑하고 보살펴야 한다. 아이가 정서적으로 안정감을 느낄 수 있도록 해야 한다. 늦게 일어나는 아이는 엄마가 꼭 안아주고, 10분 일찍 깨워주자.

"사랑하는 우리 딸, 좋은 아침이야. 이제 슬슬 일어나 볼까?"
"사랑하는 우리 아들, 10분만 더 자고 꼭 일어나자."

영아(嬰兒)의 정서 안정이 중요하다는 이론인 '대상 관계 이론 Object Relations Theory'은 정신 분석의 창시자 프로이트 Sigmund Freud 이후, 정신

분석학 범주에서 발전하였다. 주요 내용은 생애 초기의 대인 관계 경험이 자아 발달에 영향을 미친다는 것으로, 자아의 발달이 타고난 본능에 의한 경험과는 무관하다는 것이다. 갓난아기에게는 엄마와의 관계에서 느꼈던 감정이 무의식 속에서 자리 잡게 된다. 그리고 이것이 마음의 틀로 형성되어 성장 후 타인과의 관계를 설정하는 데 작용한다. 이것은 영아의 무의식 속에서 작용하는 엄마와의 경험이 얼마나 중요한지 보여준다.

'맹모삼천지교(孟母三遷之敎)'라는 말이 있다. 이 말은 맹자(孟子)의 어머니가 맹자의 교육을 위해 세 번이나 이사를 했다는 의미로, 자식의 교육을 위해 주변 환경을 바꾼 어머니의 이야기를 설명하는 문장이다. 한편 우리에게 한석봉(韓石峰)이라는 이름으로 친숙한 한호(韓濩)는 조선 최고의 명필가로 손꼽힌다. 이 석봉이 조선 최고의 명필가로 성장할 수 있었던 이유는 아들을 위해 헌신적으로 부단히 노력한 어머니가 있었기 때문이다. 또 우리나라의 독립을 위해 기꺼이 자신을 희생한 안중근 장군은 하얼빈역에서 이토 히로부미를 처단하고, 스스로를 대한의군 참모중장(大韓義軍 參謀中將)이라 칭하였다. 이후 일본군에게 붙잡혀 사형 선고를 받게 된 안중근 장군에게 어머니 조마리아(趙姓女)는 다음과 같은 말을 하였다.

"옳은 일을 하고 받는 형(刑)이니, 비겁하게 삶을 구걸하지 말고 대의에 죽는 것이 어미에 대한 효도다."

이런 어머니들의 이야기는 우리를 숙연하게 만든다. 이처럼 자녀를 성장시키는 과정에서 어머니의 역할은 매우 중요하다. 시간이 흘러 세상이 많이 변하였다. 현재 우리 엄마들은 어떤가. 아이들의 학원만을 쫓아다니고 있지는 않은가. 아이가 성장하는 과정에서 중요한 것은 한 문제를 더 맞히는 게 아니다. 아이가 엄마를 통해 성장하도록 좋은 관계를 만드는 것이 더 중요하다. 평생 아이를 따라다니며 잔소리할 수 없다. 또 아이를 서울대로 보내기 위해 말공부를 할 필요도 없다. 엄마의 역할은 그저 아이와의 관계를 바르게 형성하기만 하면 된다. 그러면 나머지는 자연스럽게 따라오게 되어 있다.

엄마와 대화의 중요성

최근 아동 학대와 관련된 뉴스가 많이 보도되고 있다. 의붓아들을 가방에 감금한 계모 사건, 입양한 영아를 장기간 학대한 사건 등 해마다 사람들의 공분을 사는 사건들이 끊이지 않는다. 또 형법에 저촉되는 행위를 한 촉법소년(觸法少年) 범죄 역시 증가하고 있다. 촉법소년들은 형사 처분의 사각지대를 교묘하게 악용하여 각종 범죄를 저지른다. 도대체 왜 이런 일들이 끊이지 않는 것일까?

아동 학대와 촉법소년의 범죄가 증가하는 중요한 원인 중 하나는 가정 환경의 문제라고 생각한다. 인터넷이 발전함에 따라 자연스레 부모와 자식 간의 대화가 줄어들게 되었고, 대신 아이들은 자극적인 콘텐츠를 쉽게 접할 수 있게 되었다. 아이들의 경우 성장하면서 부모와 제대로 된 애착관계를 형성하지 못하게 되면, 엄청난 스트레스를 받는다. 심할 경우, 자신의 감정을 제대로 조절하지 못하고 화를 내거나 분노를 조절하지 못하게 된다. 그리고 이러한 문제가 바로 청소년 비행으로 이어지는 것이며, 나아가 자녀를 학대하는 어른으로 성장하는 것이다.

미국의 심리학자 에이브러햄 매슬로Abraham Maslow 는 인간의 욕구를 1단계 생리 욕구physiological , 2단계 안전 욕구safety , 3단계 애정과 소속 욕구love & belonging , 4단계 자기 존중 욕구esteem , 5단계 자아실현 욕구self-actualization 등 총 5개의 단계로 정리하였다. 그가 말하는 이론의 핵심은 하나의 단계가 충족되면, 다음 단계에 대한 욕구 충족 의식이 생긴다는 것이다. 그의 이론에 의하면, 먹지 못한다면, 그 무엇도 필요가 없다. 먹을 수 있고 안전한 보금자리가 생겼을 때, 애정에 대한 욕구가 생기는 것이다. 반대로 애정에 대한 욕구가 충족되지 않으면, 존중이나 자아실현에 대한 욕구가 생기지 않는다. 이러한 5단계의 이론으로 볼 때, 부모와 자식 간의 애착관계는 매우 중요하다.

엄마와 부정적인 대화가 지속되면, 아이들의 마음은 엄마와 멀어진다. 아이와 애착관계를 형성하고 멀어진 마음을 돌리는 것 또한 대화를 통해 해결해야 한다. 파트 2에서는 아이의 마음의 문을 열고, 관계를 개선하는 데 초점을 맞추고 있다. 그렇다면 말을 하지 않고 대화를 피하거나 반항하는 아이에게는 어떻게 해야 할까? 엄마는 대화 외에도 모든 수단을 활용해야 한다. 눈빛이나 시선, 표정이나 억양까지 모두 엄마의 마음을 전하는 도구이다. 이 역시 한두 번 해서 안 된다고 포기하면 안 된다. 엄마가 노력하면 아이는 반드시 엄마의 마음을 알아준다.

"엄마가 걱정돼서 그랬어. 엄마의 마음을 알아줄 거지?"
"엄마한테 솔직하게 얘기해 줘서 고마워. 엄마도 잘할게."

부모는 자녀의 의식주를 해결해주는 것도 중요하지만, 세상을 살아가는 데 필요한 가치를 알게 해주는 것도 중요하다. 다음은 영국의 정치가 아서 발포어Arthur James Balfour 의 말이다.

"성인이 된 후, 좋은 스승과 좋은 친구를 만나 은혜를 받았지만, 그보다는 아버지로부터 받은 사랑과 교훈과 모범이 얼마나 훌륭하였던가."

발포어의 아버지는 사랑, 교훈, 모범이라는 가치를 대화를 통해 발포어에게 전하였다. 이처럼 엄마들도 대화를 통해 아이에게 엄마의 마음과 중요한 가치를 전해보자. 엄마들이 아이를 낳고, 그 아이를 바르게 양육하는 엄마로 올바르게 자란 것은 행운이 아니다. 엄마들은 어렸을 때 엄마의 잔소리와 야단 속에서 진실한 마음을 느꼈고, 그 마음으로 인해 올바르게 성장하여 엄마가 된 것이다. 즉 행운이 아닌, 진실된 마음과 사랑으로 인해 올바른 엄마가 될 수 있었던 것이다. 물론 잔소리를 하고 야단을 치는 것은 좋지 않다. 하지만 이러한 과정 후, 대화를 통해 아이에게 엄마의 마음을 전한다면, 얘기는 달라진다. 아이와 관계를 멀어지게 하고, 가깝게 하는 것 모두 대화에서 비롯된다. 성장하는 아이에게 엄마는 없어선 안 될 매우 중요한 존재이다. 엄마에게는 아이와 대화하는 것이 매우 중요한 과정이다.

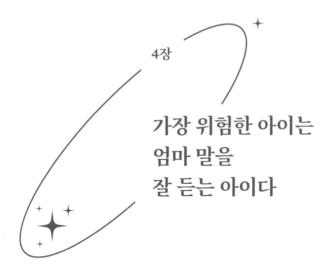

4장

가장 위험한 아이는
엄마 말을
잘 듣는 아이다

아이들의 성격은 모두 다르다. 조용한 아
이도 있고 활발한 아이도 있으며, 고집이 센 아이도 있고 순한 아이
도 있다. 또한 성격은 태어나면서 주어지는 것도 있고, 부모의 영
향을 받아 형성되는 것도 있다. 따라서 아이들을 포함한 모든 사람
들의 성격은 전부 다르다. 그런데 우리 엄마들은 말을 잘 듣지 않는
아이는 문제가 있는 아이로, 말을 잘 듣는 아이는 문제가 없는 아이
로 나누어 버린다. 각자의 성격을 전혀 이해하지 않고 말이다. 그렇
다면 정말 엄마의 말을 잘 듣는 아이는 문제가 없는 것일까? 아니
다. 가장 위험한 아이는 엄마 말을 잘 듣는 아이이다. 아이들이 성

장하면서 문제가 생기는 것은 당연하다. 이는 걱정할 필요가 없는, 너무나도 자연스러운 문제이다. 이번에는 정말 착한 아이로 키우기 위해서는 어떻게 해야 하는지에 대해 알아보자.

가장 위험한 아이

#1. 첫 번째 사례
·················

엄마: 아들, 이제 그만 놀고 숙제해야지.

아들: 네, 엄마. 숙제하러 갈게요.

엄마: 아이고, 우리 아들 착하네.

#2. 두 번째 사례
·················

엄마: 엄마가 수학 학원 새로 알아봐서 간신히 등록했어. 이따 저녁
　　　6시까지 가야 해.

아이: 엄마, 그냥 지금 친구랑 같이 학원 다니는 게 더 좋아요.

엄마: 무슨 소리야. 엄마가 얼마나 힘들게 잡은 자린데. 가서 열심히 해.

아이: 알겠어요….

엄마가 하는 말을 거절하지 않고, 잘 듣는 아이들이 있다. 엄마

는 이런 아이들이 다른 생각을 하지 못하게 밀어붙인다. 이때 엄마의 마음대로 아이가 행동했다면, 엄마의 마음은 안심이 된다. 그래서일까? 그다음은 아무런 생각이 없다. 한편 아이의 마음은 엄마와 다르다. 엄마의 말이 내키지는 않지만, 거절할 수 없기 때문에 일단 수긍한다. 또 성격상 거절하는 게 불편한 아이들도 있다. 엄마를 힘들게 하고 싶지 않다고 생각하기 때문이다. 이러한 아이를 두고 '착한 아이 콤플렉스'에 걸렸다고 한다. 여기서 중요한 것은 아이들의 마음을 몰라주면 성장하는 과정에서 반드시 문제가 생긴다는 것이다. 게다가 엄마와의 유대감도 없어진다.

엄마의 말에 순종하는 아이는 오히려 걱정을 해봐야 한다. 이런 아이들은 자율성이나 자존감이 제대로 발달하지 않았을 수도 있다. 말을 듣는 것도, 듣지 않는 것도 엄마와의 정서적 교감에 해당한다. 그러므로 "그것은 좋아요.", "저는 이거 말고 다른 거 할래요."라고 분명하게 의사를 표현하도록 교육하여야 한다. 자신의 의사를 확실하게 말할 수 있어야 제대로 성장하고 있는 것이기 때문이다. 그저 엄마가 하는 말을 잘 듣고 그대로 행동하는 것이 좋은 것만은 아니다.

아이가 무슨 말을 해도 매번 거절하지 않았는가? "너는 착한 아이니까 엄마 말 잘 들어야 해."라고 수시로 말하지 않았는가? 이런 상황에서 아이와 잘 지낸다고 생각하는 것은 엄마만의 착각이다. 아이들은 성장하면서 문제가 무엇인지 스스로 생각하고 행동해야 한다. 엄마가 말하는 대로 따르기만 한다면, 어른이 되어서도 남의 말에 끌려다니기 바쁘다. 또 누군가 지시를 해주지 않으면 불안하고, 어떻게 행동해야 할지 모르는 어른이 된다. 따라서 엄마는 아이가 미숙하거나 부족한 표현을 하더라도 잘 들어줘야 하며, 어떻게 자신의 생각과 감정을 표현해야 하는지를 자세하게 알려줘야 한다.

아이의 감정을 이해해 주기

아이 : 엄마! 어떻게 해. 큰일 났어요.

엄마 : 왜! 무슨 일이야?

아이 : 학원에서 자전거를 잃어버렸어요.

엄마 : 아니, 그걸 어떻게 해서 잃어버려.

아이 : 학원에 도착하고 자물쇠를 잘 잠근 것 같았는데….

엄마 : 왜 우는 거야! 도대체 이해가 안 되네. 그런다고 울어?

대부분의 아이들은 아직 자신의 생각과 감정을 제대로 표현하는데 서투르다. 중학생인데도 불구하고 엄마가 대신 답변해주는 경우도 있다. 이처럼 시간이 지날수록 표현력이 부족한 아이들이 늘어나고 있다. 뭔가 말은 하고 싶은데 뭐라고 말을 해야 할지 모르는 아이들이 늘어나고 있는 것이다. 어릴 때 아이들은 배가 고프거나 엄마의 사랑이 필요한 경우에 운다. 하지만 아이가 성장할 때의 울음은 그렇지 않다. 나이와도 상관이 없다. 대부분의 아이들이 자신의 감정을 어떻게 표현해야 하는지 몰라 답답하면 눈물을 흘린다. 이릴 때 엄마는 이이의 감정이 어떤 상태인지 대화를 통해 충분히 들어줘야 한다. 다음은 미국의 육아전문가이자 UCLA의 데이비트 게펜 의과대학 정신과 부교수인 로빈 버만^{Robin E. Berman}이 미국의 육아 매체 〈마덜리〉와의 인터뷰에서 한 말이다.

"정신 건강을 위해서 감정을 피하거나 마비시킬 필요가 없고, 그것을 안전하다고 받아들이는 게 중요하다."

엄마도, 아이도 가슴속에 좋지 않은 감정이 있을 때, 그것을 있는 그대로 받아들여야 한다. 감정을 부정하는 것은 정신 건강에 해롭다. 그러므로 아이가 슬프거나 분노가 생겼을 때, 엄마는 아이의 감정을 억누르게 해서는 안 된다. 어떤 감정인지 물어보고 울고 싶으면 울게 해야 한다. 또 그것이 어떤 감정인지, 어떤 상황에서 느끼는 감정인지 등을 아이가 이해할 수 있게 엄마의 말로 알려주어야 한다.

"마음이 많이 아팠구나. 울고 싶으면 울어도 괜찮아."

"안심해, 엄마가 다 들어줄게."

"그런 일이 있었구나. 속상했겠네."

아이가 감정을 표현하도록 도와주기

아이 : 엄마, 학원에서 애들이 나를 놀렸어.

엄마 : 누가 그랬니? 무슨 일 있었어?

아이 : 내가 싫대. 아 짜증나. 아 정말 나쁜 녀석들.

엄마 : 또 나쁜 말 한다! 한 번만 더 그러면 혼날 줄 알아!

아이 : 걔네도 나를 놀린단 말이야!

엄마 : 그런다고 너도 똑같이 따라하니?

어느 날, 착하고 순수한 줄만 알았던 우리 아이의 입에서 욕설이 나온다면 어떻겠는가. 아마 대부분의 부모들은 당황하여 어쩔줄 몰라 할 것이다. 여기서 우리 부모들이 알아야 할 것이 하나 있다. 바로 아이들은 그 의미를 알고 사용하는 것이 아니라는 사실이다. 아이들은 그저 학교에서 친구들과 장난을 치거나 친해지면서 들었던 말을 사용하는 것일 뿐, 그 이상의 어떤 의미를 지니고 사용하는 것이 아니다. 다만 아이가 심하게 화나거나 기분이 상했을 때, 이를 억제하지 못하여 나쁜 말을 하는 경우가 있다. 이는 아이가 감정을 제대로 표현하는 방법에 익숙하지 않기 때문에 발생하는 현상이다. 따라서 엄마는 아이가 자신의 감정을 건강하게 표현할 수 있도록 알려줘야 한다.

아이가 자신의 감정을 제대로 표현하지 못하여 좋지 않은 감정이 마음에 쌓이게 되면, 자극적인 표현에 쉽게 중독될 수 있다. 이는 가장 쉬운 감정 해소의 표현 수단이기 때문이다. 서울대학교 심리학과 곽금주 교수는 욕을 하지 않는 아이들과 욕을 자주 하는 아이들을 비교한 실험을 진행하였다. 실험 결과, 욕을 많이 하는 아이들이 그렇지 않은 아이들보다 인내심과 계획성이 부족하고, 자기 제어 능력이 떨어진다는 사실을 알아냈다. 그러면서 제대로 된 표현을 사용하지 못하여 어휘력도 점점 떨어지게 된다고 말하였다.

그렇다면 욕을 하거나 감정 표현을 원활하게 하지 못해 힘들어하는 아이에게 무엇을 해줄 수 있을까? 먼저 아이가 욕을 한다고 해서 무작정 화를 내지는 말아야 한다. 또 아이가 크게 소리를 지르거나 다른 곳으로 몸을 피할 수 있도록 도움을 주어야 한다. 그리고 나서 왜 화가 났는지, 무엇이 불만인지 설명하게 한다. 엄마는 아이의 감정을 이해하고 도와줄 수 있는 준비가 되어 있어야 한다. 또한 아이가 감정을 충분히 표현할 수 있는 환경을 제공해야 한다. 그렇게 되면 아이는 누구에게나 자신의 의사를 정확히 표현하는 아이로 성장하게 된다.

"괜찮으니까 천천히 얘기해 봐. 너는 어떻게 했으면 좋겠니?"
"화가 났다면 그냥 크게 소리 질러도 좋아."
"너의 마음을 엄마한테 설명해 줄래? 그래야 엄마가 도와줄 수 있어."

말을 잘 듣는 아이가 가장 위험한 아이가 될 수 있다. 아이가 말을 잘 들으니 엄마는 아이와 아무 문제가 없다고 생각한다. 하지만 아이의 생각이 다른 경우에는 문제가 된다. 아이가 엄마의 말을 겉으로만 듣는 척하게 되기 때문이다. 그러면 이 책에 나오는 모든 내용은 모래 위에 집을 짓는 것과 같이 아무 쓸모가 없게 된다. 말을 잘 듣는 아이를 한 번 살펴봐야 하는 이유이다. 마음속에 무언가를 꾹꾹 눌러 놓지는 않았는지, 아이의 감정을 살펴보도록 하자. 또 감정을 건강하게 표현하도록 도와주자. 엄마에게 정말 착한 아이가 되는 것은 엄마의 노력에 달렸다.

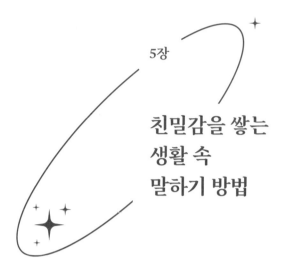

5장

친밀감을 쌓는
생활 속
말하기 방법

우리는 앞에서 엄마와 아이의 좋은 관계가 아이가 건강하게 성장하기 위한 필요조건이라는 것을 알았다. 그렇다면 아이와의 관계를 좋게 만들기 위한 충분조건은 무엇일까? 사실 아이들이 성장할수록 부모와의 대화가 줄어드는 것은 어쩌면 당연한 일이다. 그러나 이 사실을 현실로 받아들이지 않고, 여전히 대화의 양에만 집착하는 엄마들이 많다. 대화가 많다고 해서 꼭 좋은 관계가 형성되는 것은 아니다. 아이와 관계는 하루아침에 좋아지지도 않고, 좋아졌다고 해도 하루아침에 어긋날 수도 있다. 좋은 관계를 꾸준히 유지하기 위해선 그만큼 많은 노력이 필요하다. 그래서

이번에는 아이와의 좋은 관계를 유지하기 위해 생활 속에서 실천할
수 있는 세 가지 방법을 소개하고자 한다.

나 전달법(I-Massage)

"너는 도대체 왜 그러는 거니?"

"너 정말 그렇게 엄마 말 안 들을래?"

"제발 그러지 좀 말아라."

"너 또 학원 늦게 갔지?"

"집에서 뛰면 안 된다고 했지?"

"왜 그렇게 방을 어지르는 거니?"

아이와 대화를 할 때 앞의 예시처럼 말하는 엄마가 있다. 이러
한 대화법을 '너 전달법(You-massage)'이라고 한다. 이 대화법은 상대방
을 '너'라고 지칭하여 직접적으로 '너'의 행동을 비난하는 형태를 가
지고 있다. 그러나 상대방으로부터 직접적인 비난의 소리를 듣는
것을 좋아하는 사람은 없다. 아이들도 마찬가지이다. 아이의 행동
을 직접적으로 비난해서는 아무것도 개선할 수 없다. 그러므로 아
이들에게는 앞의 예시처럼 말하면 안 된다.

미국의 심리학자 토마스 고든 Thomas Gordon 은 부모와 자녀 간의 의사 소통 및 갈등 해결 과정을 결합한 훈련 방식인 'P.E.T Parent Effective Training(부모 효율성 교육)' 프로그램을 개발하였다. 그리고 부모들에게 놀이 치료와 병행하여 '나 전달법 I-massage'을 사용할 것을 제시하였다. 나 전달법은 아이의 행동에 대해 엄마의 객관적인 의사를 전달하는 표현 방법을 말한다. 이 전달법에는 ① 상황 또는 행동, ② 엄마의 감정, ③ 요구 또는 바람, 총 세 가지 요소가 있으며, 사용할 때에는 아이를 비난하거나 감정을 자극하지 않는 것이 중요하다. 지금부터 한 번 해보자.

#1. 컴퓨터 게임만 하고 있는 아이
··································

① 상황 또는 행동

　→ "하루 종일 컴퓨터 게임을 하고 있으니까"

② 엄마의 감정

　→ "엄마는 네가 시험을 망칠까 봐 속상하고 불안해."

③ 요구 또는 바람

　→ "엄마의 마음도 알아줬으면 좋겠구나."

#2. 연락 없이 늦게 들어온 아이
··································

① 상황 또는 행동

→ "전화도 받지 않고, 집에도 오지 않아서"

② 엄마의 감정

　→ "혹시 사고라도 난 게 아닌지 많이 걱정했단다."

③ 요구 또는 바람

　→ "늦게 오게 되면 엄마에게 전화를 해주면 좋겠어."

　많은 사람들이 '너 전달법'에 익숙하다. 하지만 아이에게만큼은 '나 전달법'으로 표현해야 한다. 다만 나 전달법으로 말하는 것은 생각보다 어렵기 때문에 꾸준한 연습이 필요하다. 여기서 연습의 핵심은 아이가 어떤 행동을 하더라도 앞서서 말하면 안 된다는 것이다. 아이가 변명을 하더라도 엄마는 나 전달법으로 말하기만 하면 된다. 그리고 이는 엄마의 긍정적인 감정을 전달할 때도 필요하다. "네가 집안일을 도와줘서 엄마가 빨리 끝낼 수 있었네. 도와줘서 고마워."라고 말이다. 다만 익숙하지 않은 표현을 늘 해야 된다고 생각하면 부담이 되기 때문에 엄마가 원하는 시간에 제대로 준비해서 실천하는 것이 좋다. 이렇게 나 전달법을 사용하여 아이와 대화를 이어간다면, 아이와의 관계가 더욱 돈독해질 것이다.

스몰토크(Small Talk)

많은 엄마들이 실천하고 있고, 쉽게 실천이 가능한 것이 바로 '스몰토크 Small Talk'이다. 흔히 잡담이나 수다라고도 부르는 스몰토크는 일상의 소소한 이야기를 일컫는다. 우리 주변에는 말을 잘하지 않더라도 좋은 인맥을 가지고 있는 사람들이 있다. 그들은 선천적으로 또는 노력에 의해서 스몰토크를 잘하는 사람일 가능성이 크다. 아이와 관계에서도 스몰토크는 중요하다. 엄마가 단단히 준비하고 시도하는 대화보다 더 많은 비중을 차지하기 때문이다. 집에서 생활하거나 외출을 할 때도 스몰토크를 해볼 수 있는 기회는 많다.

미국의 심리학자 앨버트 메라비언 Albert Mehrabian은 한 사람이 상대방으로부터 받는 이미지는 시각이 55%, 청각이 38%, 언어가 7%에 이른다는 메라비언의 법칙 the law of Mehrabian을 발표하였다. 이 메라비언 법칙의 핵심 내용은 의사소통에 있어 말의 내용보다는 시각·청각적 요소가 더 중요한 작용을 한다는 것이다. 여기서 그가 말하는 시각적 요소는 자세나 용모, 제스처 같은 외적으로 보이는 것을 말하며, 청각적 요소는 우리에게 들리는 목소리의 톤이나 음색 등을 말한다. 그리고 이 법칙은 아이와의 대화에서도 동일하게 적용된다. 아이도 대화를 통해 엄마의 마음과 생각을 느낄 수 있다. 그렇기에 아이에게도 진심을 담아서 이야기해야 한다.

"가장 친한 친구는 누구니?"
"학교에서는 무엇이 재미있었니?"
"잘 놀다 왔니? 배고프지?"
"주말엔 뭐하고 놀고 싶어?"
"엄마 아빠가 어떻게 해주면 좋을까?"
"이거 재밌게 보이는데?"

어려운 질문이 아니다. 아이가 답하기 편하고 쉬운 질문부터 시작해보자. 이때 아이의 말에 대해서 강의를 하거나 비판을 하는 답변을 해서는 안 된다. 아이와 원활한 대화를 위해 아이의 일상에서 작고 소중한 이야기는 무엇일까 생각해보자. 또 아이의 흥미와 관심을 공감해주고 지지해주자. 그러면 엄마와 대화하는 것을 즐거워할 것이며, 자연스럽게 대화도 늘어날 것이다. 아이가 사춘기에 접어들면 대화도 줄어든다. 또 친구, 이성, 학업에 대한 생각이 많아지고, 엄마가 해결해줄 수 없는 문제들도 생긴다. 그럼에도 스몰토크로 많은 대화를 나누었다면, 크게 걱정하지 않아도 된다. 엄마와 했던 대화는 아이의 마음속에 좋은 기억으로 남아있기 때문이다. 아이가 더 어른이 되기 전에 많은 이야기를 나누자. 아이와 부모, 모두에게 즐거운 추억으로 남게 될 순간은 아이가 성장하는 지금 이 순간이다.

타임아웃(Time-Out)

'타임아웃Time-Out'은 아이를 잠시 다른 장소로 이동시켜 일정 시간 혼자 생각할 수 있게 시간을 주는 방법이다. 흔히들 '생각하는 의자'라고 알고 있다. 이 방법은 3세부터 10세 아이의 문제 있는 행동을 바로잡는 데 효과적이다. 비판이나 질책을 하지 않아도 되고 잘못된 행동을 즉시 멈추게 하는데 아주 좋다. 타임아웃은 잘못한 아이에게 벌을 주는 것이 아니다. 조용히 혼자서 생각하고 감정을 정리해서 스스로 행동이 변하도록 유도하는 것이다. 아이들은 표현력이 부족하기 때문에 행동으로 감정을 대신하기도 한다. 그렇기에 아이들이 잘못된 행동을 하는 것은 당연하다. 하지만 그것에 대응하는 방법은 중요하다.

먼저 아이에게 타임아웃을 실행할 장소와 규칙에 대해 미리 설명한다. 그다음 아이가 원하는 의자를 고르게 하고, 의자에 대해 설명한다. 이때 의자에 대해서는 벌을 받는 게 아니라 마음을 가라앉

히고 감정을 정리하는 곳이라고 확실하게 말해두어야 한다. 한편 타임아웃을 잘못 사용하게 되면 아이의 자존감이 떨어질 수도 있다. 그러므로 아무리 화가 나도 소리를 지르거나 강제로 타임아웃을 시켜서는 안 된다.

타임아웃을 실행하기 전에 먼저 문제가 되는 행동을 제지한다. 그리고 한 번 더 문제가 되는 행동을 반복하면 "엄마랑 함께 욕을 하면 안 된다고 규칙을 세웠지? 한 번 더 반복하면 타임아웃을 해야 해."라고 한다. 그럼에도 문제 행동을 계속할 경우에는 "이제 어쩔 수 없이 타임아웃을 해야 해. 타임아웃 장소에서 5분 동안 생각해 보자."라고 한다. 또한 타임아웃은 끝나고 난 뒤의 과정 역시 매우 중요하다. 엄마는 타임아웃이 끝나고 나면 아이가 무슨 생각을 했는지 진심을 다해 들어주고, 공감해줘야 한다.

언제 어떤 상황에서 타임아웃을 하게 되는지 아이와 대화를 통해 정해야 한다. 타임아웃의 조건이 너무 많으면 자칫 효과가 없을 수도 있다. 하루 종일 앉아있어야 할 수도 있기 때문이다. 타임아웃의 시간은 보통 3살은 3분, 7살은 7분처럼 나이와 비례하도록 한다. 다만 아이가 힘들어하는 경우에는 시간을 조절할 수 있다. 규칙을 정할 때는 엄마가 생각할 때 정말 문제가 되는 행동부터 한 개씩 적용하는 게 좋으며, 아이가 알 수 있도록 하루에 한 번 정도 규칙에 대해 설명해주는 것이 좋다. 또한 엄마가 타임아웃을 하는 것도 하나의 방법이다. 아이의 행동으로 인해 너무 화가 날 때 "엄마는 너무 화가 나서 타임아웃 중이야."라고 해보자. 이럴 경우 아이 역시 자연스럽게 타임아웃에 동참하게 되며, 마음을 정리할 수 있는 시간을 얻을 수 있을 것이다.

아이와 좋은 관계를 형성하는 것은 이처럼 매우 어려운 일이다. 또 지금이 좋은 관계인지 알 수도 없다. 좋은 관계란 전광판의 숫자처럼 나오는 것이 아니기 때문이다. 아이와 엄마의 성격상 많은 대화를 필요로 하지 않는 경우도 있다. 그리고 엄마도, 아이도 가끔 실수할 수 있다. 하지만 서로의 마음을 알아주는 그런 관계가 되도록 노력해야 한다. 앞서 소개한 세 가지 방법이 관계를 획기적으로 개선하는 방법은 아니다. 단지 좋지 않은 사이를 회복하게끔, 좋은 사이를 더욱 돈독하게끔 만들어주는 방법일 뿐이다. 아이의 마음 속 밭을 일구는 것은 오로지 엄마의 몫이다.

3
PART

아이의 자존감을
높여주는
엄마의 말투

아이의 자존감을 높여주는 엄마의 말투

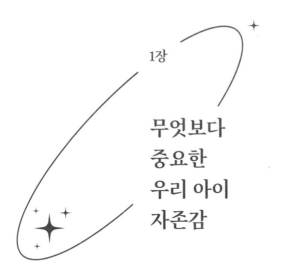

1장

무엇보다
중요한
우리 아이
자존감

엄마의 몸과 마음이 준비가 되었다. 아이
와도 늘 좋은 관계를 유지하고 있다. 이 두 가지 조건이 충족되었
다면, 비로소 아이의 성장에 엄마의 도움이 필요한 시간이 된 것이
다. 아이가 성인이 되어 세상을 살아가면서 가장 중요한 것은 바로
자존감이다. 그러므로 엄마는 아이가 자존감을 가진 어른으로 성장
할 수 있도록 도와야 한다. 자존감은 인생이라는 나무에서 뿌리와
도 같은 역할을 하기 때문이다. 이번에는 자신을 사랑하고 긍정적
으로 세상을 살아가는 아이를 만들기 위해 어떻게 해야 할지 알아
보자.

자존감이란?

'자아존중감(自我尊重感)'이라는 단어는 1890년대에 미국의 심리학자이자 철학자인 윌리엄 제임스 William James 가 처음 사용하기 시작했다. 그리고 이 자아존중감, 즉 'self-esteem'이라는 전문 용어를 번역하는 과정에서 '자존감(自尊感)'이라는 단어가 탄생하였다. 자존감이란 자신의 가치를 존중하며, 자기 자신을 긍정적으로 생각하는 감정을 말한다. 한국에서는 비슷한 단어로 자존심을 비교하기도 하는데, 자존심 pride 은 엄밀히 다른 용어이다. 이 용어는 우리말에서 분화했다고 보는 것이 맞다. 이와 관련하여 미국 하버드대학 교육대학원 교수 조세핀 킴 Josephine Kim 은 자존감에 대해 다음과 같이 설명하였다.

"자존감은 성공적인 인생을 살아가는 데 꼭 필요한 핵심 요소 중 하나이며, 기본적으로 우리 자신에 대한 신념들의 집합이다. 자존감에서 가장 중요한 두 가지는 '자기 가치'와 '자신감'이다."

여기서 조세핀 킴 교수가 말하는 자기 가치란 내가 다른 사람에게 사랑과 관심을 받을 만한 가치가 있는 사람이라는 '생각'이며, 자신감은 자존감을 바탕으로 주어진 일을 해낼 수 있다는 '믿음'을 말한다. 따라서 이 두 가지 요소가 자존감을 상승시키는 필수적인 요소라는 것이다.

자존감이 낮은 사람일수록 무슨 일을 해도 스스로 행복하지가 않다. 또한 자신에 대해 호의적이지 않고, "나는 잘하는 게 없다.", "나는 자랑스럽지 않다.", "나는 쓸모가 없다.", "나는 실패한 사람이다." 같은 부정적인 생각을 자주하며, 이러한 표현에 어느 정도 동의한다. 그런데 이런 사람의 경우 오히려 자존심이 세기 때문에 남의 탓을 하거나 자신과 타인을 모두 부정적으로 평가하기도 한다. 또 열등감을 가지고 있어 영향력이 있는 타인에게는 쉽게 설득을 당하며, 실패에 대한 회복 탄력성이 약하고, 실패한 일에 대해 스스로 회피한다.

이 책을 읽는 여러분 중에 혹시 자존감이 부족하다고 생각한다면, 먼저 자기 자신을 바라보자. 자존감에 대해 이해하고 내 모습을 받아들이는 것만으로도 자존감을 높이는 방법이 생길 것이다.

아이의 성장에 필요한 자존감

미국의 유명 심리학자이자 작가인 필 맥그로 Phil McGraw 박사는 부모가 아이에게 해주어야 할 가장 중요한 책임으로 '보호 protect'와 '준비 prepare', 두 가지를 꼽았다. 여기서 보호는 아이가 성장해서 성인이 될 때까지 안전하게 보살펴주는 것을 말하며, 준비는 한 명의 성인으로 성장해서 혼자 힘으로 살아갈 수 있는 능력을 갖추게 하는 것을 말한다. 하지만 우리 엄마들은 아이를 보호하는 것에만 집착하는 경향이 있다. 또 준비를 시킨다고 학습 능력만을 키워주면 성인이 되었을 때 문제가 생긴다. 행복하게 세상을 살아가기 위해서는 아이에게 학습 능력이 아닌, 자존감이 필요하다.

자존감은 아이가 성장하는 과정에서 매우 중요한 역할을 한다. 자존감이 높은 아이는 대체로 새로운 도전을 두려워하지 않으며, 긍정적인 자아를 가지고 있기 때문에 친구를 사귀는 것이 어렵지 않아 대인관계가 원만하다. 또한 스스로 행동을 통제하고 조절하는 능력을 가지고 있으며, 의사소통 능력과 주관이 분명하다. 보통 아이들은 유아기 때부터 부모의 사랑을 받으며, '아, 세상은 살만한 곳이구나.'라는 생각과 함께 기초적인 자존감을 가진다. 이렇듯 성장하면서 꾸준히 자존감을 가지게 되는 아이는 모든 일에 자신감이 생긴다. 그러나 반대의 경우에는 '할 수 없다.'라는 생각이 무의식 속에서 자리를 잡게 된다. 즉 어린 시절의 작은 차이가 커서 엄청난 차이를 만들고, 이는 무엇이나 할 수 있는 어른이거나 아무것도 할 수 없는 어른으로 성장하게 만든다.

정신분석학자 프로이트는 인간의 정신이 빙산의 일각과 비슷하다고 말하였다. 의식이 10% 있고 잠재의식이 90% 이상을 차지해도, 10%의 의식을 정신의 전부로 취급한다는 것이다. 잠재의식은 자율 신경을 담당하고 정보를 기억하며, 직감이나 영감, 상상력, 확신, 직관 등의 여러 가지 기능을 제공한다. 또 의식이 접근할수 없는 영역이고, 무의식의 세계에서 활동하는 정신 세계를 의미한다. 한편 자존감을 가지고 있는 아이는 할 수 있다는 생각에 감춰진 잠재의식을 끌어내게 된다. 그리고 이 잠재의식은 훨씬 많은 일을 성공적으로 수행할 수 있게 만든다. 그렇다면 이러한 잠재의식을 끌어내는, 즉 아이의 자존감을 키워주는 방법에는 어떤 것들이 있을까? 무언가 엄청 복잡한 방법이 있을 것 같지만, 사실 엄마와의 대화만으로도 충분히 가능하다.

엄마가 필요해

아이가 자존감을 갖게 만드는 엄마의 말은 무엇이 있을까? 우선 아이 스스로 긍정적이고 편안한 느낌을 받으며 자라게 하는 것이 중요하다. "넌 할 수 있어.", "오, 그것 참 좋은 생각인데?", "그래, 네가 할 수 있다면 한 번 해봐." 이런 말을 해주게 되면 아이 스스로 자존감을 가질 수 있는 기본이 생긴다. 반대로 아이를 무시하거나 인격을 모독하는 표현을 해서는 절대로 안 된다. 또 비교하거나 비난하는 표현도 안 된다. 자존감은 부모가 아이에게 줄 수 있는 것이 아니다. 부모는 단지 마음속의 자존감에 싹이 자라날 수 있는 환경을 만들어 주기만 하면 된다.

아이에게 자존감을 심어주기 위해 칭찬을 하는 것도 매우 좋은 방법이다. 다만 엄마가 어떻게 칭찬을 하느냐에 따라 도움이 될 수도 있고, 되지 않을 수도 있기 때문에 칭찬하는 방법에 대해 알고 있어야 한다. 아이는 엄마의 칭찬에서 용기와 의욕을 얻게 된다. 따라서 엄마는 아이에게 칭찬을 통해 아이 스스로 해낼 수 있다는 자신감을 줘야 한다. 여기서 주의해야 할 점이 하나 있다. 바로 아이의 기를 죽이지 않겠다고 아이의 자기중심적인 행동까지 칭찬하면 안 된다는 것이다. 어디에서든 아이가 중심이 되는 것이 자존감이 강한 아이라고 착각하면 안 된다. 주변 상황을 고려하지 않고 막무가내로 말하고 행동하는 아이는 자존감이 강한 아이가 아닌, 버릇없는 아이이다.

아이에게 성공 경험을 만들어 주는 것은 자존감을 높여줄 수 있는 중요한 방법이다. 아이는 유아 시절에 자존감이 가장 높게 나타난다. 부모에게 사랑을 받는다는 것을 알고 있어 자기 자신을 긍정적으로 평가하기 때문이다. 하지만 초등학교에 입학하게 되면, 위기의 시간이 찾아온다. 새로운 친구들을 만나고, 집단과 규칙 속에서 자신의 위치를 깨닫기 때문이다. 이때 외부 자극을 이겨낼 수 있는가는 어린 시절에 형성된 자존감에 달려있다. 만약 아이의 자존감이 낮다고 생각된다면, 엄마는 더욱더 노력을 해야 한다. 아이가 잘하거나 관심이 있는 것을 찾아보고, 아이가 자신의 능력을 알 수 있게 해줘야 한다. 또 잘할 수 있는 일을 자주 해보게 해서 성공 경험과 자신감을 쌓도록 도와줘야 한다.

자존감은 아이의 성장에 매우 중요한 밑거름이 된다. 따라서 인생을 살아가는 데 있어 마음속에 영원히 꺼지지 않는 등불이 되도록 해야 한다. 그래야 인생에서 어려움과 역경을 만났을 때 스스로 할 수 있다는 믿음을 가지고 도전할 수가 있다. 엄마는 성장하는 아이에게 자존감을 길러줄 책무가 있다. 그러기 위해서는 먼저 자존감이 무엇인지 엄마부터 알고 있어야 하며, 따뜻한 격려와 칭찬을 하는 것이 습관이 되어 있어야 한다. 아이가 자존감이 낮다면 엄마의 노력이 필요한 상황이다. 다만 무작정하라고 등 떠미는 것이 아닌, 아이를 제대로 파악하고, 그에 맞게 도와줘야 한다. 지금 당장 다른 아이들과 경쟁하여 이기는 것이 중요한 것이 아니다.

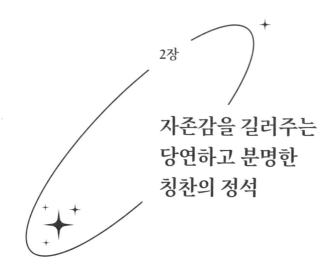

2장

자존감을 길러주는 당연하고 분명한 칭찬의 정석

이 책을 읽고 있는 엄마들에게 하고 싶은 말이 있다. 한 명의 인간을 성장시키고 있는 당신의 노력이 정말 대단하고 그 노력에 감사하며, 덕분에 아이는 멋지게 성장할 것이다. 이렇게 엄마인 여러분의 노력에 진심을 다해 칭찬을 하고 싶다. 그런데 여기서 여러분에게 한 번 물어보고 싶은 것이 있다. 칭찬을 받으면 기분이 어떤가? 아마 대부분의 사람들은 칭찬을 받으면 기분이 좋을 것이다. 칭찬을 듣고 기분이 나쁜 사람은 별로 없다. 아이들도 마찬가지다. 심지어 한참 성장하고 있는 아이에게는 엄마의 칭찬 한마디가 큰 영향을 미친다. 이번에는 칭찬에 대해서 알아보

자. 칭찬에는 의미 없는 칭찬이나 추상적인 칭찬도 있고, 아이를 크게 성장시키는 칭찬도 있다. 여기서는 아이를 크게 성장시키는 칭찬에 대해 알아본다.

결과보다 과정을 칭찬하기

"엄마는 네가 공부를 잘해서 살맛 난다."

→ "항상 열심히 하더니 좋은 성적을 거두었구나."

"네가 공부를 잘하면 엄마 아빠 기를 살려주는 거야."

→ "네가 노력한 만큼 결과를 얻어서 엄마 아빠도 기쁘다."

"이번에 우리 아들이 회장이 돼서 아빠는 너무너무 행복하다."

→ "연설을 열심히 준비하더니 좋은 결과를 얻었구나. 축하해."

아이를 칭찬할 때 아이의 행동과 결과에 따라 부모의 기분이나 표현 방식이 달라지면 안 된다. 이 경우 자칫하면 아이에게 정신적으로 큰 결핍을 안겨주어 자신감을 떨어트릴 수 있기 때문이다. 따라서 아이에게 칭찬하고 싶다면, 결과보다 과정을 제대로 살펴야 한다. 그러면 자연스럽게 칭찬하고 싶은 부분이 생기며, 아이 역시 이러한 부모의 칭찬 덕분에 스스로 성취감을 얻을 수가 있다. 또 언제나 좋은 결과만을 얻을 수는 없기에 과정을 칭찬받아야 좋은 결과를 얻기 위한 힘을 축적할 수가 있다. 실패하거나 조금 부족했더라도 금방 털고 일어나는 힘 말이다.

칭찬이 중요한 이유는 올바른 행동은 더욱 강화시키고, 자존감 역시 높여주기 때문이다. 자존감 검사를 개발한 쿠퍼 스미스Cooper Smith는 자존감을 형성하는 요인으로 '의미 있는 타인에게 받는 존경과 인정, 그리고 관심 있는 대우'라고 말하였다. 평소 우리 부모들은 아이들에게 "굉장해.", "훌륭해."라는 칭찬을 많이 한다. 하지만 이러한 칭찬에는 조금 문제가 있다. 왜냐하면 아이의 성과나 좋은 결과만을 칭찬하는 것이기 때문에, 바로 앞에서 언급한 정신적 결핍 등의 문제를 가져올 수 있기 때문이다. 따라서 해내지 못한 일에도 해내고 있는 과정이라고 생각하고, 그 과정에 대해서 칭찬을 해주자. 그래야 결과에만 집착하지 않는 아이로 키울 수 있다.

엄마의 어린 시절을 떠올려 보자. 얼마나 공부가 하기 싫고 힘들었던가. 그럴 때마다 휴대폰은 없지만 놀이터에 가면 약속이나 한 것처럼 친구들이 있었다. 하지만 현재 우리 아이들은 학원에 가야 친구들이 있다. 학원을 다니지 않으면 친구가 없는 세상에 살고 있는 것이다. 물론 아닌 경우도 있지만, 대부분의 아이들이 방과 후에 놀이터가 아닌, 학원으로 가는 것만은 사실이다. 이 얼마나 안쓰러운 일인가. 아이는 매번 엄마의 기대에 부응하지 못할 수도 있다. 그러나 결과는 당장 중요하지 않다. 그러므로 하지 못한 것보다 해낸 것에 대해 더 많이 칭찬해주자. 결과에 대한 집착은 아이가 성장할 수 있는 기회를 놓치게 만든다. 그런 엄마가 되지는 말자.

재능보다 노력을 칭찬하기

"어려운 수학 시험에서 100점을 받다니! 대단하구나!"
　→ "열심히 노력하더니 드디어 성공했구나! 잘했다!"
"우리 아들은 정말 천재적인 피아니스트야!"
　→ "피아노 연습을 열심히 했구나. 엄마가 정말 감동했어."
"그릇을 깨버렸네. 왜 여기서 이러고 있는 거야?"
　→ "엄마를 도와주려고 했구나. 참 기쁘다. 다친 데는 없니?"

아이가 좋은 결과를 만들어 냈을 때, 그 재능(결과)만을 칭찬하는 것은 좋지 않다. 엄마가 칭찬을 하는 이유는 아이를 격려하고, 다음에도 잘하기를 기대하며 하는 것이다. 그렇다면 결과를 칭찬하기보다는 결과를 만들어내기 위한 노력의 과정에 대해 칭찬을 해야 한다. 자신의 노력에 대해 칭찬을 받은 아이는 다른 과제가 생겼을 때, 잘하고 못하고를 떠나 자연스럽게 다시 도전하려는 의지가 생기기 때문이다. 그러므로 무심코 "100점을 맞다니 정말 대단하구나! 엄마가 저녁에 피자 시켜줄게."라고 하면 안 된다.

미국 스탠퍼드대학교의 심리학과 교수인 캐럴 드웩 Carol S. Dweck 은 초등학교 5학년 400명을 대상으로 퍼즐 풀기 실험을 진행하였다. 먼저 학생들에게 쉬운 퍼즐을 풀게 한 뒤, A그룹의 학생들에게는 "너는 정말 똑똑하구나."라고 칭찬을 하고, B그룹의 학생들에게는 "너는 정말 열심히 노력했구나."라고 칭찬을 하였다. 즉 결과와 노력에 대한 칭찬을 한 것이다. 그다음 모든 학생들에게 쉬운 퍼즐과 어려운 퍼즐을 주고, 어떤 퍼즐을 풀겠느냐고 물었다. 그 결과, '똑똑하다'라는 칭찬을 받은 학생들은 쉬운 퍼즐을 선택했고, '노력했다'라는 칭찬을 받은 학생들은 어려운 퍼즐을 선택하였다. 다음은 이 결과를 보고 드웩 교수가 한 말이다.

"타고난 지능이나 재능을 칭찬하게 되면 그 아이들은 자신이 멍청해 보이고 싶지 않기 때문에 안전한 삶을 선택한다."

마지막으로 학생들의 수준을 크게 벗어나는 어려운 퍼즐을 풀게 하였다. 그 결과, 노력을 칭찬받은 학생들은 어려운 문제를 반겼고, 심지어 몇몇의 학생들은 어려운 문제를 풀어내기도 하였다. 하지만 재능(결과)을 칭찬받은 학생들은 실망하고 낙담하였다. 왜 이런 결과가 나온 것일까? 바로 재능(결과)을 칭찬받은 학생들은 똑똑하다는 사실을 유지하기 위해 퍼즐을 풀지 못하는 상황을 피하려고 하였기 때문이며, 노력을 칭찬받은 학생들은 어려운 문제 앞에서도 도전하려는 의지가 생겼기 때문이다.

구체적으로 칭찬하기

"아이, 착해라."
  → "친구들끼리 서로 사이좋게 지내는구나."
"우리 아들이 최고야."
  → "엄마 아빠를 위해 이렇게 도와주는 우리 아들이 최고야."
"잘했어."
  → "스스로 계획해서 직접 실천까지 하다니. 정말 잘했다."

무조건 칭찬을 한다고 해서 아이의 자존감이 높아지는 것은 아니다. 아이에게 칭찬을 할 때는 과정과 노력 모두를 칭찬해야 한다. 여기서 한 가지 더 보태자면, 구체적으로 칭찬하는 것이 중요하다. 때로는 아이의 기를 살려주기 위해 맹목적으로 칭찬을 해야 할 때도 있다. 어디까지나 가끔이지만, 이런 경우 아이의 입장에서는 엄마의 생각이나 마음을 알 수가 없기 때문에 내가 정말 잘한 것인지, 최고인 것인지 혼란스럽다. 예를 들어 학교에서 옷이 이상하다고 놀림을 받고 온 아이에게 우리 딸이 세상에서 제일 예쁘다고 한다면, 아이는 혼란에 빠진다. 그리고 그 결과, 엄마의 칭찬을 더 이상 신뢰하지 않게 된다.

이처럼 아이들에게 좋지 않은 영향을 주는 칭찬들이 있다. 이런 칭찬에는 어떤 것들이 있는지 살펴보자. 첫째, 과장된 칭찬이다. 여기에는 세상에서 제일 예쁘다고 한다거나, 노래를 잘한다고 유명한 가수가 될 거라는 칭찬 등을 예로 들 수 있다. 이런 과장된 칭찬은 현실 속에서 엄마와의 갈등을 유발할 수 있으며, 학교에서의 활동을 방해하기도 한다. 둘째, 추상적인 칭찬이다. 여기에는 막연하게 "너는 정말 착하구나.", "넌 정말 성격이 좋아."라는 칭찬 등을 예로 들 수 있다. 이런 추상적인 칭찬은 아이를 혼란스럽게 한다. 칭찬받을 아무런 이유가 없기 때문이다. 셋째, 말뿐인 칭찬이다. 여기에는 아이의 행동이나 결과에 대해 따져보지도 않고 무조건 "잘했다.", "네가 최고야."라는 칭찬 등을 예로 들 수 있다. 이런 말뿐인 칭찬은 아이에게 있어 행동의 변화를 이끌어 낼 수 없다.

　칭찬을 하려고 해도 어떻게 칭찬해야 할지 모르겠다면, 먼저 아이에게서 칭찬을 해줄 거리를 찾아보자. 이후 칭찬할 거리를 찾았다면, 아이가 알아듣기 쉽게 풀어서 칭찬하면 된다. 또 시간을 정해서 칭찬하는 것도 하나의 방법이다. 엄마가 다소 한가한 시간을 사전에 정한 뒤, 하루에 한 번 그 시간에 꼭 칭찬을 해주는 것이다. 칭찬을 많이 해준다고 해서 버릇없는 아이로 성장하지 않는다. 만약 엄마가 칭찬을 많이 받지 않고 성장했다면 아이에게는 더욱더 많은 칭찬을 해줘야 한다. 그리고 점차 익숙해지면 앞에서 언급한 내용대로 해주면 된다.

　직장 상사나 남편에게 기분 좋은 칭찬을 들으면 나도 모르게 입가에 미소가 생긴다. 설령 칭찬의 내용이 큰 의미가 없더라도 말이다. 성장하는 아이들도 그렇다. 엄마의 작은 칭찬이 아이에게는 엄청난 동기부여가 된다. 그래서 엄마는 아이에게 제대로 된 칭찬을 해야 한다. 엄마의 칭찬으로 아이가 공부를 하기도 하고, 실패를 했을 때 툭툭 털고 일어나기도 한다. 이때 노력에 대한 과정을 구체적으로 칭찬해주는 것은 일상생활에서도 요긴하게 사용할 수 있다. 한 가지 더 말하자면, 칭찬과 함께 칭찬을 할 수 있음에 감사하는 마음을 가져보자. 아이의 단점보다 장점이 더 보이게 될 것이다. 또 아이도, 엄마도 함께 성장하는 느낌을 느낄 수 있을 것이다.

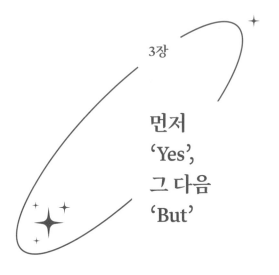

3장

먼저
'Yes',
그 다음
'But'

　내 아이만큼은 자존감이 높은 아이로 키
우고 싶은 것은 모든 엄마들의 바람이다. 그래서 칭찬도 많이 해주
고, 원하는 것도 잘 들어주는 편이다. 엄마들이 이렇게 하는 것은
올바른 행동이 맞다. 아이가 성장하는 과정에서 중요한 것이 자존
감이기 때문이다. 아이의 자존감을 높여주기 위해 엄마가 할 수 있
는 노력에는 여러 가지가 있다. 그중 아이를 있는 그대로 바라봐 주
는 노력도 한 번 실천해보자. 칭찬을 해주고 원하는 것을 들어주는
것과는 다른 노력이지만, 아이를 있는 그대로 바라봐 주는 노력 역
시 매우 중요하고, 또 꼭 필요한 과정이기 때문이다. 아이의 자존감

은 엄마에게 달려있다. 아이의 자존감을 위해 먼저 인정해 주고, 눈높이를 맞춰 대화해 보자.

아이를 인정해 주기

"왜 이렇게 꾸물대는 거야. 빨리빨리 움직여."

→ "노력하고 있는 것 같구나. 그래도 조금만 서둘러 줄래?"

"왜 그렇게 조심하지 못해?"

→ "괜찮니? 위험하니까 다음부터는 조심해야 해."

"방을 또 왜 이렇게 만들었어?"

→ "재밌게 놀았구나. 언제까지 정리할 수 있겠니?"

칭찬은 아무리 많이 해줘도 문제가 생기지 않는다. 또 버릇없이 성장하지도 않는다. 물론 이는 제대로 된 칭찬을 했을 경우에만 해당하는 이야기이다. 칭찬을 아무리 많이 해줘도 제대로 된 칭찬을 하지 않으면, 즉 아이의 자존감을 해치는 말을 함께 하게 되면, 그간의 칭찬은 아무런 소용이 없어진다. 아이는 어디까지나 아이이다. 하지만 아이에게도 나름의 생각이 있다. 본격적인 성장이 시작되면 스스로 무언가를 정하기도 하고, 논리도 분명해진다. 이때 엄마의 생각과 경험만으로 아이를 생각한다면 아이의 자존감은 자라 날 수 없다.

미국의 발달 심리학자 마틴 호프만Martin L. Hoffman 교수는 두 살 에서 열 살까지의 어린이들이 6분에서 9분마다 부모로부터 비난과 지적을 당한다고 말하였다. 이는 하루에 50여 차례, 일 년이면 1만 5천여 차례에 해당하는 수치이다. 아이는 태어나면서부터 머릿속 에 엄마와 아빠에 대한 기억의 회로가 저장되어 있다. 그렇기 때문 에 자신이 가장 사랑하는 사람에게 받는 수많은 비난과 지적은 그 어떤 칭찬도 무색하게 만든다. 먼저 아이가 어떤 생각을 가지고 있 는지 알아보자. 잘못은 바로잡아주는 것이 맞지만, 무작정 질책하 는 것은 안 된다.

아이의 마음을 움직이기 위해서는 먼저 아이를 있는 그대로 인 정해주어야 한다. 육아는 전쟁이다. 오죽하면 아이를 뱃속에 다시 넣고 싶다고 말하는 엄마가 있겠는가. 아이들이 육체적 · 정신적으 로 성장하는 과정에서는 많은 일들이 생길 수밖에 없다. 이럴 때 엄 마는 아이의 말과 행동을 수용해 주는 것이 좋다. 잘 들어주는 것만 으로도 아이들은 엄마가 자신의 마음을 알아준다고 생각하기 때문 이다. 아이들의 행동에는 다양한 이유가 있겠지만, 먼저 "그래, 그랬구나.", "괜찮아. 엄마한테 얘기해볼래?", "힘들었겠구나.", "이게 가지고 싶지?"라고 아이의 마음을 인정하고 공감해주자. 아이의 자존감은 '있는 그대로의 아이를 사랑하는 것'에서 시작된다.

아이와 눈높이를 맞추기

세상에 태어난 아이는 모든 것이 처음이고 낯설기만 하다. 즉 한 명의 사람으로서 역할을 수행하기 위해서는 아직 성장의 시간이 더 필요한 상태인 것이다. 그런데 이때 아이에게 "안 돼.", "무슨 소리야!", "하지 마." 등의 부정적인 말을 계속한다면 아이는 더 이상 성장할 수가 없다. 게다가 아이가 이런 말을 계속 듣게 되면, '나는 무엇을 해도 안 되는 사람이구나.' 하며 스스로를 패배자로 낙인 찍어버린다. 쉽게 말해 엄마의 말로 아이의 능력이 결정되어 버리는 것이다. 이처럼 무언가 해보지도 않고 아이가 자신의 능력을 낮게 평가하면, 이를 회복하는 것도 어려워진다.

이렇듯 세상의 모든 것이 아직은 낯선 우리 아이들을 위해, 세상의 모든 것이 처음인 우리 아이들을 위해 엄마도 잠시 아이가 되어 아이의 말과 행동을 이해하려고 노력해 보자. 아이의 눈높이에 맞춰 아이의 시선으로 세상을, 그리고 아이를 바라보는 것이다. 이 때 앞 장에서 살펴본 공감과 응원의 방법을 활용하면 더욱 좋다. 그렇다고 아이와 함께 방을 어지럽히고 벽에 낙서를 해보라는 것은 아니다. 또 아이가 게임을 한다고 해서 엄마도 옆에 앉아 하루 종일 게임을 해보라는 것이 아니다. 여기서 말하는 것은 그저 아이의 생각과 경험의 수준에서 엄마도 아이를 이해해 보라는 것이다. 삶의 지혜와 경험이 더 많은 엄마가 아이와 눈높이를 맞추는 것은 너무나도 쉬운 일이고, 당연히 해야 할 일이다.

방법은 어렵지 않다. "너는 정말 특별해.", "어쩜 그런 생각을 했니?", "이렇게 하면 어떨까?" 등 아이의 행동을 지지해 주면 된다. 마치 아이에게 특별한 능력이 있는 것처럼 엄마의 말로 좋은 라벨을 붙여주는 것이다. 심리학에서는 이를 '라벨 효과 Label effect'라고 한다. 엄마의 말로 붙여진 좋은 라벨은 아이가 그 능력을 현실로 만드는 힘을 가지고 있다. 이처럼 성장하는 아이에게 충분한 지지를 해준다면, 늘 새로운 일에 대한 열정이 생기게 된다. 그러면 아이는 자연스럽게 성공에 대한 경험이 쌓이게 되고, 엄청난 성취감을 얻게 될 것이다. 그리고 이것이 바로 아이에게 자존감으로 돌아온다.

Yes-But 대화법

아이의 마음을 움직이는 대화법이 있다. 바로 'Yes-But 대화법'이다. 이 대화법은 간단하다. 먼저 'Yes', 그다음 'But'으로 말하기만 하면 된다. 흔히 엄마들은 아이의 행동에 대해 무조건 "안 돼."라고 하는 경우가 많다. 하지만 그렇게 말하면 안 된다. 아이가 잘못된 행동이나 언행을 했을 경우, 먼저 아이를 있는 그대로 인정해주고 눈높이를 맞추는 것부터 시작하자. 그다음 엄마의 생각이나 의견을 설명해도 늦지 않는다. 이때 아이의 입장에서는 엄마가 자신의 감정을 먼저 알아주었기 때문에 편안한 느낌을 받게 된다.

#1. 첫 번째 사례

아이: 엄마, 나 이 장난감 사줘!

엄마: 안 돼! 지난번에 비슷한 거 사줬잖아.

아이: 싫어! 싫어! 사줘! 사달라고!!

엄마: ① 그만 떼써! 안되는 건 안되는 거야.

　　　② 우와. 새로운 모델인가 보다. 정말 멋지네. 그렇지? 그런데 어떡하지? 이번에는 엄마가 사주고 싶지 않다. 집에 있는 거하고 비슷해서 네가 금방 싫증 날 거야.

#2. 두 번째 사례

아이 : 엄마 나 학원 그만 다닐래!

엄마 : 무슨 소리야! 갑자기 왜 그래?

아이 : 아 몰라! 힘들어. 피곤하다고!

엄마 : ① 그러다 너 성적 떨어지면 어떡할래?

② 그래, 너도 정말 힘들겠다. 학원을 몇 개씩 다니는 게 정말 힘들지. 엄마도 어렸을 때 그런 적이 있었어. 그런데 조금만 참고 노력하면 어떨까? 분명히 좋은 결과가 생길 거야.

두 가지 사례 모두 '②'항처럼 이야기하면 된다. 이처럼 이 대화법의 핵심은 아이의 마음을 알아주려고 노력하는 것이다. 하지만 현실의 육아는 훨씬 더 냉혹하다. 마트에 가면 가끔 드러누워서 물건을 사달라고 발버둥치는 아이를 볼 수 있다. 또 학원에 가지 않겠다고 소리를 지르고 집을 나가는 아이도 있다. 더 심한 어린아이들의 경우에는 엄마와 떨어지지 않겠다고 세상이 떠나갈 듯이 울기도 한다. 이때 엄마가 쉽게 포기해버리면 이런 노력은 아무런 의미가 없게 된다. 이런 경우에는 신속하게 그 자리를 벗어나거나 주변을 환기시키는 것도 하나의 방법이 될 수 있다. 제일 중요한 것은 아이의 자존감이 후퇴하지 않도록 꼭 안아줘야 한다는 것이다. 몸과 마음으로 안아주고, 진심으로 공감해주면 아이도 엄마의 마음을 알아줄 것이다.

아이의 자존감을 키우는 과정에서 중요한 또 다른 것은 무엇을 해주기보다 그저 지켜봐 주는 것도 있다. 어린아이의 경우 혼자서는 처음부터 아무것도 할 수가 없다. 그때마다 엄마의 생각과 경험으로 아이를 도와주거나 대신해서 일을 처리해준다면, 아이는 제대로 성장하지 못한다. 특히 어린 시절에는 스스로 한 가지라도 해내는 성공 경험을 쌓는 것이 중요하다. 밥을 흘리지 않고 먹는 것부터 문제집을 한 권 풀어내는 것까지 스스로 한 번 해봐야 한다. 엄마는 그 과정 속에서 아이를 인정해주고, 아이의 눈높이에서 바라보기만 하면 된다. 물론 이때는 약간의 인내심이 필요하다. 하지만 엄마의 인내심이 아이를 성장시키고, 아이의 자존감을 키워주는 것이므로 여유를 가지고 아이를 기다리자. 가장 가까이에 있는 엄마에게 인정받는 것부터 아이의 자존감은 시작된다.

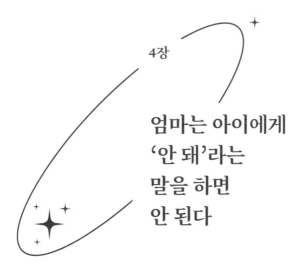

4장

엄마는 아이에게 '안 돼'라는 말을 하면 안 된다

우리 모두 엄마로부터 가장 많이 들었던 말이 있다. 바로 '안 돼.'라는 말이다. 어렸을 때 수도 없이 들었던 이 말로 우리의 엄마들은 많은 표현을 대신하였다. 꽤 많은 시간이 지났지만, 지금도 우리는 남편으로부터, 또는 아내로부터 '안 돼.'라는 말을 듣는다. 그러나 제대로 듣지도 않고 무조건 안 된다고 말하면, 상대방이 누가 됐든 기분이 좋지 않다. 이러한 감정은 우리 아이들에게도 동일하게 적용된다. 엄마의 입에서 계속 안 된다는 말을 듣는다면, 아이들 역시 기분이 나쁘다. 그리고 반복되는 엄마의 '안 돼.'는 아이들을 낙심하게 만든다. 그렇다면 아이들의 성장을 위해 엄마는 어떻게 말해야 할까?

'안 돼.'라고 하면 '안 돼!'

#1. 첫 번째 사례
····················
아이 : 엄마! 나 아이스크림 사줘!

엄마 : 안 돼! 배 아파.

#2. 두 번째 사례
····················
아이 : 엄마! 나 이거 한 판만 하고 숙제할게.

엄마 : 안 돼! 숙제하고 나서 해.

#3. 세 번째 사례
····················
아이 : 엄마! 오늘 내가 무슨 일이 있었냐면….

엄마 : 안 돼! 엄마 설거지하느라 바빠.

엄마가 사용하는 '안 돼.'라고 하는 말을 사례로 들어본다면 끝
이 없다. 비슷하게는 '하지 마.', '그러지 마.', '만지지 마.', '가지
마.', '장난치지 마.', '울지 마.' 등의 표현이 있다. 그렇다면 엄마는

왜 항상 안 된다고 말하는 것일까? 그 이유는 가장 쉽고, 편하게 아이를 제어할 수 있기 때문이다. 성장하는 아이들은 엄마에게 안 된다는 말을 가장 많이 듣는다. 이 책을 읽는 여러분은 엄마로부터 '안 돼.'라는 말을 들었던 순간이 떠오를 것이다. 그런데 앞의 사례처럼 여러분이 아이들에게 '안 돼.'라는 말을 쉽게 사용하고 있지는 않은가? 이런 말이 습관처럼 입에 붙어 있으면 안 된다. 아이들이 성장하는데 큰 문제가 생길 수도 있기 때문이다.

습관적으로 엄마가 아이에게 안 된다고 말하면, 아이는 '나는 무엇을 해도 안 되는구나.'라는 생각을 하게 된다. 그리고 이는 스스로 부정적인 생각을 머릿속에 자리 잡게 하여 자신의 능력을 발휘할 수 없게 만든다. 즉 엄마의 표현이 아이의 자존감을 낮추는 것이다. 그렇다고 안 된다고 말하는 게 반드시 잘못이라는 건 아니다. 엄마의 의사를 확실히 표현해야 하는 상황에서는 사용해도 된다. 다만 분명한 훈육의 의지가 있다는 전제에서이다. 이러한 상황을 제외하고 습관적으로 안 된다고 말하는 것은 아이의 성장에서 중요한 것을 놓치게 만든다.

부정적인 말이 사람에게 끼치는 영향에 대한 연구 결과가 있다. 미국 하버드대학교의 의과대학 교수인 마틴 타이처 Martin H. Teicher 는 어린 시절 언어폭력을 당한 554명의 성인을 대상으로 '언어폭력이 뇌에 어떤 영향을 미치는가'에 대한 연구를 진행하였다. 연구 결과, 언어폭력을 당한 성인의 경우 일반인에 비해 양쪽 대뇌 반구를 연결하는 뇌량과 기억을 담당하는 해마 부위가 크게 위축되어 있었다. 이처럼 언어폭력은 언어 능력 및 사회성과 연관되어 있어 기억력과 학습 능력을 떨어트리고, 우울증 발생 확률을 증가시키는데 꽤나 큰 영향을 미친다.

'안 돼.'라는 말이 반드시 언어폭력은 아니다. 다만 아이에게 부정적인 인식을 계속 심어준다면, 분명 언어폭력 이상의 문제가 생기게 된다는 것이다. 성장하는 아이들이 부모만큼 깊이 생각하지 못하는 것은 너무나도 당연하다. 또 부모들이 아이들의 생각과 행동을 쉽게 이해하지 못하는 것 역시 당연하다. 육체의 피로나 스트레스 때문에 아이에게 습관적으로 '안 돼.'라고 말하지는 않았나 생각해보자. 사실 안 된다고 말했던 상황은 하루만 지나도 기억나지 않는 사소한 일이었을 수도 있다. 하지만 사소한 그 상황에서 나온 부모의 '안 돼.'라는 한마디로 인해 아이는 이미 자신에게 부정적인 라벨을 붙여버렸을 수도 있다. 가능성이 무한한 아이들에게 가장 무서운 것은 해보지도 않고 쉽게 포기하게 하는 것이 아닐까?

그래도 '안 돼.'라고 말해야 한다면?

앞서 언급하였지만, '안 돼.'라는 표현을 사용하는 것이 꼭 잘못된 것은 아니다. 아이에게 크게 위험하거나 도덕적으로 훈육이 필요한 경우에는 과감하게 '안 돼.'라고 말해야 한다. 단 이때는 엄마가 안 된다고 하는 것이 어떤 의미인지 알 수 있도록 아이에게 명확하게 설명을 해줘야 한다. 예를 들어 불을 가지고 장난을 하거나 물건을 훔치는 경우 등의 상황에서는 "안 돼!"라고 강하게 말한 뒤, 왜 안 되는 것인지에 대한 충분한 설명과 공감을 해줘야 한다.

그렇다면 '안 돼.'라는 말 대신에 무슨 말을 사용할 수 있을까? 이미 습관적으로 안 된다는 말을 사용했는데 어떻게 말해야 할지 걱정이 앞선다. 또 '안 돼.'라는 말은 짧으면서 쉽고 빠르게 쓸 수 있는 만능 표현이기도 하다. 그렇기에 다른 표현을 하자니 어떤 표현이 괜찮을지 잘 모르겠고, 길게 말하면 아이가 제대로 알아듣지 못할 것만 같다. 게다가 시대가 변할수록 더 위험하고 제한적인 환경이 많아지는 요즘에 '안 돼.'라는 말처럼 유용한 말은 없는 것만 같다. 그러나 우리는 부모의 부정적인 표현이 아이의 다음 행동을 크게 제한한다는 사실을 꼭 기억해야 한다. 아이는 부모의 부정적인 표현으로 다음에 어떤 행동을 해야 할지, 어떤 표현을 해야 할지, 또 무엇이 잘못된 상황인지 몰라 혼란스러워 한다. 그러므로 일단 안 되다고 무작정 이야기하는 것보다는, 해도 되는 것을 먼저 이야기해주는 것이 좋다. 한편 이를 위해서는 평소 사용하는 말을 대체할 수 있는 말을 미리 생각해보는 노력이 필요하다.

#1. 첫 번째 사례
....

아이 : (집에서 뛰어다니는 경우)

엄마 : "뛰지 마라." → "밖에서 놀다 오렴."

#2. 두 번째 사례
....

아이 : (시험이 며칠 남지 않은 경우)

엄마 : "게임 좀 그만해라." → "오늘 해야 할 공부를 먼저 마무리하자."

#3. 세 번째 사례
....

아이 : (식탁에서 밥을 계속 흘리면서 먹는 경우)

엄마 : "흘리지 마라." → "숟가락을 꽉 잡아볼까?"

#4. 네 번째 사례
....

아이 : (엄마를 돕겠다며 설거지를 하는 경우)

엄마 : "다치니까 하지 마라." → "컵을 꽉 잡고 해봐."

#5. 다섯 번째 사례
....

아이 : (답답하다고 소리를 지르는 경우)

엄마 : "소리 지르지 마라." → "무슨 일인지 차분하게 말해봐."

#6. 여섯 번째 사례
....

아이 : (울면서 사달라고 보채는 경우)

엄마 : "안 돼!" → "집에 있는 것을 생각해 보자."

긴급한 상황에서는 '안 돼.'라는 표현 대신에 '위험해.'라는 표현을 사용할 수 있다. 그렇다면 이번에는 '위험해.'라는 표현을 '조심해서 해볼까?'라고 바꾸어 표현해보자. 엄마의 염려가 심하면 아이는 불안하고, 어찌할 줄 모른다. 이렇게 아이가 위축될 수 있는 상황에서 말을 바꾸어 표현하면 아이를 안심시키는 동시에 아이 스스로 해낼 수 있게 용기를 준다. 아이가 스스로 해낼 수 있도록 엄마가 도와주자. 스스로 행동할 수 있게 한다면, 커서 도전을 두려워하지 않는 아이로 성장한다. 또 자율적으로 행동하는 사람으로 성장한다. 그리고 무엇보다 스스로 해낼 수 있다고 믿는 자존감을 지켜줄 수도 있다.

부정적인 말을 하면 아이에게 좋지 않다는 것을 우리는 이미 알고 있다. 하지만 인스턴트 음식 같이 편리한 '안 돼.'라는 말을 포기하는 것도 어렵다. 그동안 아이들에게 계속 안 된다고 이야기를 했다면, 이번이 좋은 기회라고 생각하자. 아이가 자존감을 가지고 훌륭하게 성장하는 것도 중요하기 때문이다. 하지만 이보다 더 중요한 것이 바로 아이의 성장에 바탕이 되는 부모와의 관계이다. 그러므로 '안 돼.'라고 하기보다는 '한 번 해볼까?'라고 말할 수 있도록 노력하자. 분명 아이와의 관계가 더욱 좋아질 것이며, 아이의 자존감도 키워줄 수 있을 것이다.

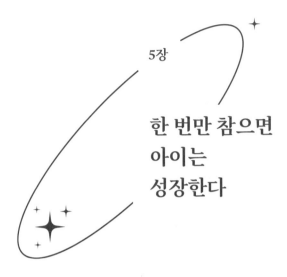

5장

한 번만 참으면
아이는
성장한다

우리나라에서는 전통적으로 말을 많이 하는 것보다 말을 적게 하고 많이 듣는 것을 미덕으로 생각했다. 하지만 이제 이러한 생각과 문화가 많이 바뀌었다. 말을 많이 하는 것은 좋을 수도 있고 나쁠 수도 있다. 아이의 성장을 놓고 생각해 본다면 때론 말을 많이 하기보다 듣는 것이 좋을 수 있다. 좋은 이야기를 하려고 말을 많이 하다 보면 오히려 하지 말아야 할 말을 하게 되는 경우가 많기 때문이다. 불필요한 말을 하다가 감정 조절에 실패해서 잔소리를 하게 되는 경우가 그것이다. 우리는 아이를 위해 엄마가 참아야 하는 순간이 있다는 것을 기억해야 한다.

30초만 참아보기

#1. 첫 번째 사례
....

엄마 : "게임 좀 그만해. 매일 게임만 하고, 오늘도 벌써 몇 시간째야.
너는 커서 뭐가 되려고 그러니?"

아이 : "엄마. 오늘은 조금 해도 된다고 했잖아요. 그리고 매일은 아니
고 모처럼 한 거예요."

#2. 두 번째 사례
....

엄마 : "너 학원에 안 가고 어디 갔다 왔어? 너 또 친구들이랑 놀다가
안 간 것 아냐?"

아이 : "학원에는 갔어요. 그리고 친구들과 노는 거랑은 상관없잖아요."

〈#1. 첫 번째 사례〉의 엄마는 아이가 게임을 오래 하는 것이 불
만이다. 그런데 엄마의 말의 핵심은 무엇인가? 게임을 그만하라는
것인지, 아니면 아이의 미래가 걱정된다는 것인지 모르겠다. 중요
한 것은 불필요하게 잔소리를 해서 엄마의 마음과 속뜻을 전달할
수 없게 되었다. 〈#2. 두 번째 사례〉의 엄마도 마찬가지다. 아이가
학원에 안 간 것을 알게 되었는데 불필요한 말로 아이를 추궁했다.
역시 엄마와 대화가 제대로 이뤄질 수가 없다. 평소에 아무리 좋은

말을 해주더라도 이런 상황이 계속된다면 아이는 성장할 수 없다.

많은 사람들은 엄마와 대화를 하다 보니 자신이 틀렸거나 잘못했다는 것을 알게 되었지만, 그 사실을 인정하고 싶지 않아 목소리를 높인 적이 있을 것이다. 아이의 경우도 마찬가지다. 엄마는 아이의 행동에 대해 개선을 요구했지만 결과적으로 제대로 받아들여지지 않았다. 이럴 때는 말을 하기 전에 크게 심호흡을 하고 한 번 더 생각을 해봐야 한다. 정말 어렵겠지만 30초 정도 참으면서 어떻게 말해야 할까 고민을 해야 한다.

20세기의 영성가로 불리는 헨리 나웬Henri Nouwen은 "자녀는 부모가 마음대로 할 수 있는 소유물이 아니라 소중히 여기고 보살펴야 할 선물입니다. 자녀는 우리에게 찾아와서 자상한 배려를 받으며 한동안 머물다가 다시 자신의 길을 찾아 떠나는 우리 가정의 귀한 손님입니다."라고 했다. 아이에게 짜증을 내는 이유는 부모가 자식을 소유물이라고 생각하기 때문이다. 이 말을 이해하지 못할 사람은 없다. 다만 머리로는 알지만 가슴으로 이를 실천하기 어렵다는 것이다.

잔소리 말고 인정해 주기

#1. 첫 번째 사례
....

엄마 : "다 너 잘 되라고 엄마가 이야기하는 거야. 그러니까 엄마 말 잘 들어."

아이 : '엄마는 엄마 기분에 따라 이야기하는 것 같아.'

#2. 두 번째 사례
....

엄마 : "너 걔랑 놀지 말고 엄마가 하라는 대로만 해. 이번 시험이 중요하다는 것 알지?"

아이 : '내가 하는 일은 뭐든지 잘못된 거구나.'

아이가 잘 되라고 엄마가 단정 짓고 하는 이야기라고 하기엔 그냥 잔소리다. 잔소리가 길어지거나 반복되면 엄마도 감정적으로 말할 수밖에 없다. 그러다 보면 화가 나고 아이에게 더 심한 말을 할 수도 있다. 악순환의 반복이다. 이럴 때는 일방적인 지시나 잔소리가 아닌 대화의 형태로 표현을 바꿔야 한다. 가급적 잔소리는 짧게 하는 것이 좋다. 아이가 잘 알아들었는지 다시 이야기하거나 물어볼 필요도 없다. 아이의 머릿속엔 한 번이던 두 번이던 모두 듣고 싶지 않기 때문이다.

아이가 들으려 하지 않고 행동이 개선될 여지가 없다면 차라리 다른 방법을 사용해 보자. 아이의 생각과 행동을 인정하고 응원을 해주는 것이다. "엄마는 네가 걱정되어서 그런데 아들은 잘 해낼 거라고 생각해.", "친구도 중요한데 이번 시험이 걱정되는구나? 엄마는 너를 믿어." 이렇게 다양하게 말할 수 있다. 먼저 한 번 아이 생각을 공감해 준다. 아이의 생각과 행동을 인정하는 것이다. 잔소리를 하다가 버럭 화를 내는 것보다 좋다. 장기적으로 봤을 때 비슷한 상황에서 아이가 스스로 행동할 수 있을 것이다.

감정을 추스르고 적절한 질문을 통해 스스로 생각하고 행동하도록 유도하는 것도 좋은 방법이다. 게임만 하고 있는 아이에게 "그만 좀 하지 그래."라고 하면 소통이 단절된다. "너는 허구한 날 게임이냐."라고 하면 인격을 무시하게 된다. "아들, 재밌는 건 알겠는데, 게임을 적당히 할 수 있는 방법은 없을까?"라고 물어보자. 이렇게 말해도 원하는 결과를 얻지 못할 수도 있다. 하지만 중요한 것은 마음속에 소통과 성장의 벽돌을 하나씩 쌓는다고 생각해야 한다. 정말 힘들겠지만 아이를 위해서도 그리고 나를 위해서라도 꼭 필요하다.

참을 수 없다면 말해 주기

엄마가 한 번 참으면 아이는 한 번 성장하고 앞으로 계속 성장할 수 있는 기회가 보장된다. 30초를 참으면서 크게 심호흡을 하고 아이가 보이지 않는 곳으로 이동하여 거리를 두어 보자. 또한 아이에게 스스로 생각하도록 질문을 할 수도 있다. 아이에게 용기를 주기 위해 인정하고 응원을 하는 것도 좋은 방법이다. 그래도 정말 화가 나서 참을 수 없는 상황이라면 아이와 대화를 해야 한다. 참고 인정하는 것이 좋은 방법이지만, 그렇지 못할 때는 속마음을 이야기하는 것이 좋다. 물론 대화가 다시 잔소리나 화를 내는 것으로 변해서는 안 된다.

파트 2에서 소개했듯이 엄마는 먼저 '나 전달법 I-Massage'으로 말할 수 있는 준비가 되어야 한다. "우리가 함께 정한 생활규칙을 지키지 않아 엄마는 마음이 아팠어.", "엄마도 우리 딸과 앞으로 잘해 보자고 한 말인데 엄마가 말이 심했던 것 같아.", "엄마 말만 하다 보니 엄마도 감정적으로 이야기했어. 미안해." 이렇게 이야기하는 것이다. 그러면 아이도 엄마의 마음을 조금은 이해할 수 있을 것이다. 아이와의 관계를 지키고 엄마도 스스로 마음속의 괴로움을 덜어낼 수 있는 좋은 방법이다.

말로 표현하는 것 말고 다른 방법도 있다. 세계적인 글쓰기 치료의 권위자인 미국 텍사스대학의 제임스 페니베이커 James W. Pennebaker 박사는 표현적 글쓰기가 갖는 심리적, 신체적 치료의 힘에 대해 연구하고 이를 증명해왔다. 페니베이커 박사는 "정기적인 글쓰기를 통해 감정을 분류하고 트라우마적 사건을 인정하면 매우 긍정적인 변화가 일어난다."라고 했다. 이는 글쓰기를 통한 배출의 효과다. 우리는 '임금님 귀는 당나귀 귀'라는 동화를 알고 있다. 마음의 병이 완치된 동화 속 주인공처럼 억눌린 감정을 글쓰기로 표출하는 것도 좋은 방법이라는 것이다.

아이에게 화를 내거나 잔소리를 하고 나서 마음이 좋지 않을 때 아이에게 편지를 써보자. 구구절절하게 쓰라는 것은 아니다. 엄마의 마음을 몇 줄이라도 쪽지에 적어 아이가 볼 수 있는 장소에 붙인다. 냉장고도 좋고 아이의 책상도 좋다. 아이가 밥을 먹기 전에 볼 수 있도록 식탁에 붙이는 것도 방법이다. 엄마의 마음을 아이에게 글로 전달하는 것이다. 조금 다르게는 나에게 글을 써보자. 현재 나의 상황에 대해 객관적으로 바라보는 글을 적는다. 그리고 나에게 힘이 되는 표현으로 마무리를 해보자. 매일 쓰는 일기는 아니더라도 편하게 적을 수 있을 것이다.

엄마가 아무리 공부하고 노력해도 순간적으로 실수할 수 있다. 중요한 것은 아이와 소통하는 것이다. 혹시 아이에게 좋은 말을 해주려고 잔소리를 하거나 화를 낸 적이 있다면 이제 한 번만 참아보자. 잔소리 대신 인정하고 응원을 해보자. 그 모든 것이 어렵다면 아이에게 진심을 이야기해보자. 무조건 참는 것이 능사는 아니다. 중요한 것은 아이에게 엄마의 마음을 전하는 것이다. 소통을 통해 아이의 입을 열고 엄마와 함께 대화하며 아이가 성장하기를 기대하는 것이다.

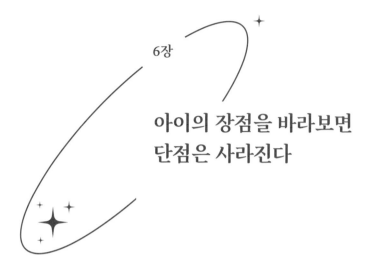

6장

아이의 장점을 바라보면
단점은 사라진다

엄마는 아이가 훌륭하게 성장하기를 바란다. 그리고 훌륭하게 성장하려면 아이의 단점을 빨리 고쳐야 한다고 생각한다. 그래서 장점을 말하기보다 단점을 먼저 이야기한다. 그러다 보면 어느 순간 잘한 것은 언급조차 하지 않게 된다. 왜냐하면 장점이나 잘한 것 자체가 보이지 않게 되었기 때문이다. 아직 성장하고 있는 아이에게 장점보다 단점을 먼저 이야기하게 되면 아이는 부모를 피하게 된다. 대신 장점을 바라봐 주면 단점은 자연스럽게 사라진다. 세상에 장점이 없는 아이는 없다. 아이의 장점을 일깨워 주는 엄마가 되어보자.

엄마의 높은 기대치

엄마는 아이의 잘못을 고쳐야겠다는 생각에 잘 못하는 것을 먼저 보게 된다. 매사에 혼이 난다고 생각하는 아이는 자신감이 떨어지고, 이번에는 또 무슨 일로 혼이 날까 걱정하게 된다. 이것은 엄마가 아이에게 거는 기대가 크기 때문이다. 아이가 다른 아이들보다 조금 더 성장하길 바라는 마음은 모든 엄마의 공통적인 성향이다. 하지만 엄마는 눈앞에 있는 성과를 봤더라도 아이보다 마음을 차분하게 가져야 한다. 그래야 아이가 안정적인 흐름으로 꾸준히 성장할 수 있다.

스피치를 배우러 오는 어린 학생들이 있다. 초등학교 학급회장 선거를 준비하거나 전교 임원을 준비하는 학생들도 많다. 그리고 리더가 되기 위해 준비하는 학생들 뒤에는 모든 일정을 꿰고 있는 엄마가 항상 함께한다. 얼마 전 학급회장 선거를 위해 연설을 준비하는 학생이 찾아왔다. 연설문을 재미있고 알차게 작성했다. 하지만 연설과 스피치에 사신이 없던 아이는 이를 제대로 소화하지 못했다. 답답한 마음에 엄마는 수업 시간이 끝났는데도 돌아가지 않고 계속 연습을 하자고 했다. 결국 엄마의 마음에 들지 않았던 아이는 여러 차례 한숨을 내쉬며 30분이나 더 연습을 해야만 했다.

하지만 결국 아이는 당선 되지 못했다. 옆에서 지켜본 바로는, 분명히 당시 아이는 지쳐있었다. 예측컨대 다음 일정까지 차질이 생겼을 것이다. 재미도 없고 의미도 없이 기계처럼 움직이는 아이는 무엇을 하더라도 늘 피곤했을 것이다. 그런 아이는 성장하지 못하고 그저 하루를 견뎌낼 뿐이다. 그 아이도 잘하는 것이 분명히 있다. 하지만 결국 엄마의 과도한 욕심이 돈과 시간도 낭비하고, 아이의 성장마저 가로막게 되는 결과를 초래하는 것이다.

세상에 장점이 없는 아이는 없다. 아이의 자존감을 키워주고 싶다면 지금부터라도 아이의 장점을 자꾸 일깨워 주자. 긍정적인 신호를 많이 받은 아이들은 그 평가를 토대로 자신의 이미지를 긍정적으로 만들어갈 것이다. 아주 사소한 것이라도 괜찮다. 부모는 그 사소한 것을 찾아내는 눈을 가져야만 한다. 부모가 정해진 기준에 맞춰 아이를 교육하고 강요한다면 우리 아이만이 가진 장점과 개성은 묻힐 수밖에 없다.

하늘의 구름을 관찰하고 있는 아이가 있다. 엄마의 입장에서는 아이가 무슨 행동을 하고 있는지 알 수가 없다. 오히려 아무 생각 없이 하늘만 바라보면서 시간을 낭비하고 있다고 생각할 수 있다. 하지만 아이는 구름이 아주 천천히 움직이지만 모양이 계속 변하고 있다는 것을 발견하고 관찰하고 있었다. 구름이 생기는 원리에 대해 궁금증이 생긴 상황이었다. 아이의 관찰력과 사고력이 성장할 수 있는 기회가 생겼지만 엄마는 그렇게 생각하지 않았다. 어른의 관점에서 봤을 때는 아무런 이득이 없기 때문이다. 그런 것은 인터넷 검색 한 번이면 충분히 얻을 수 있는 지식이라고 단정한 것이다. 그러다 보니 아이가 자신도 모르게 흥미 있는 일을 발견했다고 하더라도 엄마의 만류에 의해 아이의 생각과 행동을 중단시키고 마는 것이다. 결국 모든 일은 아이의 관심을 이끌어내는 것부터 시작해야 한다. "이 다음은 어떻게 될까?", "네 생각은 어때?"와 같이 부모가 아이에게 호기심을 끌어낼 수 있는 질문을 수시로 하면서 아이의 성장을 유도하는 것이 중요하다.

아 이 가 듣 는 내 면 의 소 리

아이는 엄마에게 어떤 말을 들었을 때 스스로 자신의 내면에서 이런 소리를 듣게 된다. '할 수 있다'와 '할 수 없다'라는 것이다. 이것은 아이의 성장에 있어서 정말 중요한 지점이다. 하지만 엄마는 이를 전혀 알 수 없다. 엄마의 말을 통해 아이는 자신의 마음속에서 점점 '할 수 있다'라는 말을 들어야 한다. 그러기 위해서는 엄마가 그리고 원하는 아이의 모습만을 위해 아이를 다그쳐서는 안 된다. 오히려 평소에 아이를 유심히 관찰하고 적극적으로 지원해야 한다.

어릴 적 우리도 엄마에게 이런 이야기를 들은 적이 있을 것이다. "내 뱃속에서 나왔는데 도무지 넌 무슨 생각을 하는지 알 수가 없구나."라는 말이다. 부모가 원하고 그리는 모습이 있지만 그 틀 안에 아이를 밀어 넣어서는 안 된다. 아이의 있는 모습 그대로를 인정해 주고 긍정해 주어야 한다. 엄마는 아이의 본성을 알기 위해 항상 노력하고 이에 맞게 아이를 이끌어줘야 한다.

우리 아이의 내면에서 '할 수 있다'라는 말이 자주 들리게 하려면 엄마는 이렇게 말해야 한다. "엄마는 지금 있는 그대로의 네가 좋다.", "열심히 노력하는 네 모습으로 충분해."라고 전해야 한다. 그리고 이런 메시지가 올바르게 전달될 수 있도록 말과 눈빛, 표정과 행동으로 충분하게 표현해야 한다. 그러면 아이의 새로운 장점을 발견하고 이끌어낼 수 있다. 아이가 어려움이 생기더라도 "너는 충분히 해낼 수 있어.", "엄마는 너를 믿고 응원할게."라고 말해보자. 엄마의 지지를 얻은 아이는 자신의 내면에서 '할 수 있다'라는 말을 자주 듣게 될 것이다.

하루 종일 아이들은 무수히 많은 선택의 기로에 놓이게 된다. 그럴 때마다 엄마가 도와주고 판단해줄 수는 없다. 항상 지켜보면서 칭찬하거나 안타까워할 수도 없다. 그럴 때 아이가 듣는 소리가 바로 내면의 소리이다. 스스로 자신에게 질문하고 그 답을 주는 것이다. '내가 이것을 해낼 수 있을까?'라는 마음속의 질문에 주로 어떤 답이 나올지에 대한 것은 평소 엄마의 말과 행동에 달려있다. 아이의 마음속 근육을 키워줘야 하는 것이다. 엄마의 적극적인 지원과 지지를 받은 아이는 스스로 선택의 기회에서 '할 수 있다', '자신 있다'라는 내면의 소리를 자주 듣게 될 것이다.

나아가 아이에게도 자신의 마음속에서 들리는 소리가 있다는 것을 알려줘야 한다. 엄마는 아이에게 스스로 생각하고 자신에게 질문을 던져보도록 유도해야 한다. "힘든 일이 생겼을 때는 잠시 멈추고 마음속으로 나에게 질문을 해보는 거야. 스스로 멋진 답을 얻을 수 있을 거야."라고 말이다. 이처럼 엄마는 아이가 마음의 소리에 귀를 기울일 수 있는 사람으로 성장하도록 도와줘야 한다. 내 아이가 내면의 목소리에 귀를 기울일 줄 아는 사람으로 성장하도록 응원하자. 자신의 가치가 다른 사람이 아닌 자신에게 있다고 생각할 수 있도록 엄마는 적극적으로 표현해 줘야 한다.

장점을 바라보기

아이의 장점을 찾아서 적극적으로 응원해 주면 단점은 자연스럽게 잊혀 진다. 여러분도 동의할 것이다. 그런데 현실은 아이의 단점만 보인다. 왜 그런 것일까? 앞서 언급한 것처럼 아이가 무엇이든 더욱 잘했으면 좋겠다는 엄마의 관점 때문이다. 그리고 엄마는 이미 알고 있는 문제이기에 아이가 빨리 해결했으면 좋겠다는 바람 때문이다. 하지만 단점만 바라보고 아이를 다그치면 엄마의 말은 아무 소용이 없어진다. 대신 장점을 찾아내고 이를 적극적으로 지지해 준다면 아이는 더욱 성장한다. 그리고 어느새 그 단점도 사라지는 것을 목격하게 될 것이다.

그렇다면 아이의 장점은 어떻게 찾을 수 있을까? 사실 장점을 찾아 칭찬하는 것은 쉽지 않다. 우선 엄마 본인조차도 자신의 장점이 무엇인지 모르는 경우도 많기 때문이다. 이참에 이 책을 읽는 여러분도 자신의 장점을 찾아보면 좋겠다. 장점을 찾는 방법은 먼저 아이를 유심히 관찰하는 것이다. 장점이라는 것은 '무언가를 무조건 잘 해낸다'의 문제는 아니다. 특정 행동이나 생활방식, 집중력, 사고의 경우가 남다른 것 또한 장점이 될 수 있다. 종이에 적어보고 꾸준히 체크해 보면 어떠한 형태의 장점을 특정할 수 있다.

아이와 함께 대화를 하면서 장점을 찾는 것은 매우 효과적인 방법이다. 즐겁고 가벼운 마음으로 큰 종이에 한번 적어보는 것이다. 내가 좋아하는 것, 내가 잘하는 것, 좋아하는 음식, 기분 좋은 일, 칭찬을 받은 일, 마음에 드는 물건 등 무엇이든 좋다. 적은 것들을 가지고 함께 이야기를 해보자. 내가 할 수 있는 일, 잘하는 것과 좋아하는 분야를 찾을 수 있다. 아이와 함께 즐길 수 있는 새로운 공통분모를 찾는 것은 엄마와 아이와의 유대관계를 매우 돈독히 만드는 중요한 작업이다.

엄마와 아이가 막연하게 장점을 찾는 것보다 적어보고 이야기를 나누는 것은 많은 도움이 된다. 아이도 자신의 장점을 생각해 보고 적어보면서 다시 이해하기 때문에 장점을 더욱 극대화할 수 있다. 자신의 장점을 정확하게 인식하고 일상생활에서 더욱 자신 있게 생활하게 된다. 아이의 자율성이 자라나고 자존감이 더욱 높아진다. 사람은 누구나 긍정적인 피드백을 받고 싶어 한다. 장점을 바탕으로 칭찬을 받게 되면 그 말과 행동을 더욱 강화하려고 노력할 것이다. 설령 실수를 하더라도 엄마에게 비난을 받지 않을 것이라는 믿음도 생기게 된다.

아이의 장점을 바라보는 것이 쉬운 일은 아니다. 그렇지만 못할 일도 아니다. 조급한 마음을 접어두고 다시 우리 아이를 바라보자. 다른 아이와 비교해서는 안 된다. 엄마의 믿음과 칭찬을 받으며 자란 아이는 스스로 자신의 재능을 키워나간다. 그 결과 자연스럽게 단점은 잊혀 지게 된다. 아이가 자신의 장점을 깨닫고 자신을 믿는 것은 정말 중요하다. 비록 그것이 꼭 공부와 상관이 없더라도 아이의 장점을 인정하고 칭찬해 주자. 이러한 과정을 거치다 보면 자연스럽게 학교생활, 대인관계, 학습에 있어서도 거대한 시너지 효과가 나타날 것이다.

4
PART

아이의 창의력을
길러주는
엄마의 말투

아이의 창의력을 길러주는 엄마의 말투

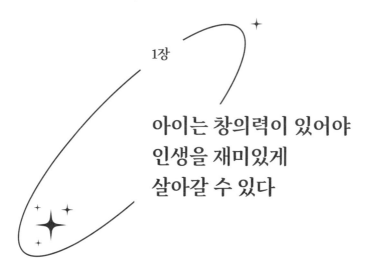

1장

아이는 창의력이 있어야 인생을 재미있게 살아갈 수 있다

창의력은 우리 삶의 가장 아름다운 색채 중 하나이다. 인생을 살면서 마주하는 어려움에 대처하고 문제를 해결할 때 큰 역할을 하기 때문이다. 창의력은 예술이나 창작 활동에만 해당하는 것이 아니다. 창의력은 인생의 문제를 해결하고 혁신을 이끌며, 성공적인 삶을 살아가게 하는 중요한 능력이다. 이번 파트에서는 엄마가 아이들의 창의력을 키우고 지원하는 방법에 대해 다룰 것이다. 실용적인 지침과 함께, 아이들이 가장 잘 성장할 수 있는 환경을 조성하는 방법에 대해 알아보자.

창의력이란?

창의력(創意力)의 사전적 정의는 새로운 것을 생각해 내는 능력이다. 쉽게 말해서 새롭고 유용한 아이디어를 생성하는 능력을 말한다. 이는 문제 해결, 예술, 창작, 과학, 정치 등 다양한 분야에서 필수적인 요소로 간주된다. 창의력은 단순히 기존의 지식을 재조합하는 것뿐만 아니라 새로운 관점을 제시하고, 기존에는 볼 수 없었던 연결을 만들어내는 과정을 포함한다. 창의력은 개인의 사고방식, 경험, 지식의 깊이, 그리고 환경적 요인들에 의해 영향을 받을 수 있다.

창의력의 개념을 정의하고 이해하는 방식은 사람마다 조금씩 차이가 있으나, 이를 가장 명확히 표현한 사람은 스티브 잡스라고 생각한다. 그는 "창의력이란 단순히 다른 것들 사이의 연결을 보는 것"이라고 말했다. 이러한 인식은 창의력이 단순한 능력 이상의 것, 즉 복잡한 아이디어, 기술, 개념들을 통합하고 새로운 방식으로 재해석하는 과정임을 강조한다.

필자는 자존감에 이어 아이를 키우는 과정에서 창의력의 중요성을 매우 강조한다. 아이들은 호기심이 많고, 탐구하려는 욕구가 강하기 때문에, 창의적 사고를 발달시킬 수 있는 기회가 많기 때문이다. 창의력은 아이들이 문제를 독창적으로 해결하고, 학습 과정에서 새로운 아이디어를 탐색하며, 자신만의 방식으로 세상을 이해하도록 돕는다. 따라서 엄마는 아이들이 창의력을 발달시킬 수 있도록 돕고 이를 적극적으로 활용할 수 있도록 격려해야 한다. 이는 성장과 발달에 있어 매우 중요한 요소이다.

이제는 과학, 기술, 엔지니어링, 수학 분야에서도 창의력은 필수적이다. 혁신적인 해결책을 찾고, 새로운 기술을 개발하며, 미래의 문제들을 해결하는 데 있어 창의적인 사고는 핵심 역할을 한다. 아이들에게 창의력을 키워주는 일은 그들이 미래에 어떤 분야에서든 성공할 수 있는 기반을 마련해주는 것이라고 이해해도 좋다.

아이의 창의력이 중요한 이유

창의력은 새로운 해결책을 생각해내고, 기존의 방식에서 벗어나 문제를 해결할 때 필수적이다. 창의력이 부족한 아이들은 예상치 못한 문제나 복잡한 상황에 직면했을 때, 유연하게 대처하고 해결책을 찾는 데 어려움을 겪을 수 있다. 창의적인 활동은 학습 과정을 더 재미있게 하고, 동기부여가 되게 만든다. 창의적인 아이들은 새로운 지식이나 기술을 배우는 것을 주저하지 않고, 학습에 대한 흥미와 의욕이 넘친다.

창의력은 자신의 생각과 감정을 표현할 때 중요한 역할을 한다. 예술, 음악, 글쓰기 등 다양한 방법으로 자신을 표현할 때 창의력이 필요하다. 창의력이 부족한 아이들은 자신의 내면을 탐구하고, 이를 효과적으로 표현하는 과정에서 어려움을 느낀다. 새로운 아이디어와 혁신을 만들어내는 기반이 바로 창의력이다. 창의력이 있어야 변화하는 세계에서 새로운 기회를 창출하고, 미래지향적인 해결책을 제시하는 인재가 될 수 있다.

이처럼 아이에게 창의력은 아이들의 전반적인 발달과 성장에 긍정적인 영향을 미칠 수 있으며, 이는 교육적, 사회적, 직업적 성공에도 좋은 자양분이 된다. 따라서 아이들이 창의력을 발달시키고 강화할 수 있는 환경을 조성하고, 이를 가능하게 하는 엄마의 말이 매우 중요하다.

아이의 달란트 찾아주기

창의력에 대한 개념부터 중요성까지 알아보았다. 결국 가장 중요한 것은 엄마의 말투다. 말 한마디로 아이의 달란트를 찾아주는게 최고의 해법이다. 아이들의 호기심 많은 질문에 엄마가 어떤 방식으로 반응하는가는 아이들의 창의력을 향상시키는 데 매우 중요하다. 엄마의 반응은 아이들이 세상을 탐색하고, 사고방식을 형성하는 데 큰 영향을 미친다. 이제 다음 몇 가지 사례와 함께 아이들의 창의력을 촉진하는 말투에 대해 알아보자.

"왜 하늘은 파란색일까요?"
"정말 흥미로운 질문이야!"

"비가 왜 내리는 걸까?"
"너는 왜 비가 내린다고 생각해?"

"공룡은 왜 멸종되었을까?"
"여러 가지 이유가 있는데 우리 함께 생각해보자."

"식물은 어떻게 자라나요?"
"직접 식물을 키워보는 건 어떨까?"

아이가 비현실적인 아이디어를 말했을 때
"그 아이디어 정말 독특하고 재미있다! 어떻게 그런 생각을 했어?"

아이의 질문에 이렇게 반응하며 함께 정보를 찾아보는 활동을 할 수 있다. 이 과정에서 아이는 탐구하는 자세를 배우고, 자신의 호기심을 엄마가 긍정적으로 생각한다고 느낀다. 아이가 답을 한 후에는 "그 생각은 정말 창의적이야!"라고 칭찬하여, 아이가 자신의 아이디어를 가치 있게 생각하도록 격려하면 효과가 배가 된다. 특히 직접적인 경험을 할 수 있는 쉬운 부분에 대해서는 부모가 적극적으로 도와줘야 한다. 화초를 키우거나 무언가를 만드는 직접적인 경험은 아이에게 탐구의 즐거움을 알려주고, 학습하는 과정에서 창의력을 발휘할 수 있는 기회를 제공하기 때문이다. 이때 주의해야 할 점은 아이가 비현실적인 아이디어를 말했을 때, 먼저 긍정적으로 인정해주는 것이 좋다는 것이다. 아이의 아이디어를 존중하고, 창의적인 생각을 격려하면 아이는 자신감을 얻고, 더 많은 아이디어를 자유롭게 표현하게 된다.

창의적인 아이는 일상생활의 다양한 상황에서 특별한 사고방식과 행동을 보인다. 이런 아이들은 종종 표준적인 해결 방법을 넘어서는 독창적인 아이디어를 제시하고, 문제를 해결하는 데 있어서 자신만의 특별한 방식으로 접근한다. 예를 들어, 놀이 시간에 박스 하나를 우주선으로 이용하거나 거실을 정글 탐험의 무대로 삼는 식으로 자신만의 상상 속 세계를 창조한다. 물건들을 그 본래의 용도와 다르게 사용하는 데 매우 탁월하기 때문이다. 또한 호기심이 많아 "왜 하늘이 파란색인가요?", "벌은 어떻게 날 수 있나요?"와 같은 본질을 탐구하는 질문을 자주한다. 때때로 색칠하기 활동에서 나무를 파란색으로 칠하거나, 집을 원형으로 그리는 등, 일반적인 방식을 따르지 않고 자신만의 스타일을 만들어내기도 한다.

이렇게 유연한 사고를 타고난 아이들이라도 삶의 모든 면에서 가장 가까이에 있는 부모의 역할에 따라 창의력이 극대화되기도 하고 말살되기도 한다. 그것의 시작점이 바로 부모의 말투와 깊이 관련되어 있다. 사물을 다양한 관점에서 바라볼 수 있고, 변화하는 상황에 쉽게 적응하는 아이들은 친구들과의 놀이 중에 놀이기구가 망가져도 즉석에서 새로운 게임을 만들거나 다른 방법으로 문제를 해결하여 놀이를 계속할 수 있다. 그러나 부모로부터 자신의 창의성을 부정당한 아이들은 그런 능력이 없다.

앞에서 언급한 예시 말고도 창의력을 키울 수 있는 표현은 많다. 처음 시도하는 게 너무 어렵다면 창의력을 촉진하는 말투를 종이에 적어 가정 내 주요 동선에 붙여두면 효과적이다. 무의식적으로 이 말투들에 집중하게 되어 적어도 아이의 창의성을 말살하는 말은 점점 하지 않게 될 것이기 때문이다. 그러면 빠르게 변하는 환경에 적응하고, 새로운 상황에 효과적으로 대응하는 아이로 키울 수 있다. 엄마의 말투를 고민해 보고 아이의 창의력을 키울 수 있는 말투로 바꾸어서 말해 보자. 창의력을 가진 아이는 누구보다 인생을 재미있고 의미 있게 살아갈 것이다.

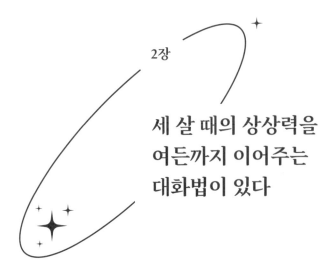

2장

세 살 때의 상상력을 여든까지 이어주는 대화법이 있다

상상력은 어린 시절부터 시작하여 아이의 전 생애에 걸쳐 삶을 안내하는 빛나는 나침반과도 같다. 특히 어릴 때일수록 상상력은 순수하고 무한한 가능성을 내포하고 있기 때문에, 이를 적절히 키워주고 이해하는 것은 아이의 성장 과정에서 매우 중요하다. 부모와 자녀 간의 대화가 어떻게 아이의 상상력을 자극하고, 그것이 어린 시절을 넘어 성인이 되어서까지 긍정적인 영향을 미칠 수 있는지에 대해 알아보자.

생각하는 방법

사고력은 아이가 세상을 탐색하고 자신의 위치를 찾아갈 때 중요한 영향을 미친다. 그래서 아이의 사고력을 키워주고 싶다면 아이의 호기심을 장려하는 것에서부터 출발해야 한다. 아이가 주변 세계에 대해 궁금해 하면서 질문할 때, 엄마는 인내심을 갖고 대답하며 아이가 스스로 탐색하며 해답을 찾을 수 있게 해야 한다. 엄마의 경험과 연륜으로 아이가 스스로 시행착오를 겪으면서 깨달을 기회를 빼앗지 말라는 뜻이다.

아이에게 엄마라는 존재는 세상을 바라보는 하나의 기준이자 망원경이다. 그래서 다양한 환경과 경험을 제공하는 게 중요하다. 이를 통해 새로운 아이디어와 개념을 탐색할 수 있는 기회를 마련해 줄 수 있기 때문이다. 아이에게 여러 가지 환경을 제공해 줄 수 있지만 큰 골자는 딱 두 가지로 압축된다. 필자는 이를 2P라고 말한다.

첫째는 장소 Place 다. 박물관, 공원, 도서관, 예술 작업실 등 다양한 장소를 방문함으로써 생각하는 힘을 길러줄 수 있다. 아이가 새로운 공간에서 느끼는 생각이나 아이디어를 그림, 모형, 맵 등으로 표현하도록 돕는 것은 생각을 구체화하고 새로운 관점에서 문제를 바라볼 수 있게 한다. 또한, "만약 ~라면 어떻게 될까?" 혹은

"다른 방법으로 이 문제를 해결할 수 있을까?"와 같은 가정적인 질문을 통해 아이의 생각을 확장하도록 도와주는 것도 아이의 상상력을 발전시키는 데 큰 도움이 된다.

둘째는 놀이 Play 다. 창의력은 놀이를 통해 자연스럽게 발달하므로, 역할 놀이, 건설 놀이, 예술 및 공예 활동과 같이 아이가 상상력을 발휘하고 다양한 아이디어를 탐색할 수 있는 놀이를 장려하자. 실패를 긍정적으로 받아들이는 태도를 가르쳐 아이가 실패를 두려워하지 않고 시도하게 하는 것이 창의적 문제 해결 과정의 중요한 부분이라는 것이다. 아이에게 자신의 관심사와 열정을 탐색할 수 있도록 자율성을 제공해보자. 아이가 스스로 결정을 내리고 자신의 프로젝트를 계획하고 실행하다 보면 사회 구성원으로서 자기 효능감을 키울 수 있다.

상상을 꿈으로 만드는 방법

아이의 상상력을 꿈으로 전환하는 과정에서 엄마의 대화법은 매우 중요하다. 아이의 상상을 꿈으로 연결하려면, 아이가 자신의 상상력을 자유롭게 표현하고, 이를 현실적인 목표로 발전시킬 수 있도록 격려하는 대화가 필요하다.

가령 아이가 "엄마, 나 우주 탐험가가 되고 싶어. 별들 사이를 날아다니면서 새로운 행성을 발견하고 싶어!"라고 말한다면, "정말 멋진 꿈이네! 우주 탐험가가 되려면 어떤 준비가 필요할까? 우주에 대해 더 많이 알아보고 싶으면, 함께 도서관에 가서 우주에 관한 책을 빌려볼까?"라고 답할 수 있다. 이 대화에서 엄마는 아이의 상상력을 인정하고, 그 꿈을 현실로 이루기 위한 첫걸음으로 지식을 쌓는 것을 제안한 것이다. 이는 아이에게 상상력을 현실적인 계획으로 전환하는 방법을 가르친 것이다.

또는 아이가 "엄마, 나 마법사가 되어서 사람들을 도와주고 싶어. 마법으로 세상을 더 좋게 만들고 싶어!"라고 말한다면, "정말 멋진 생각이야! 마법사처럼 사람들을 도와줄 수 있는 방법이 무엇이 있을까? 우리가 함께 봉사활동을 찾아보거나, 엄마와 함께 지금 당장 할 수 있는 것들을 적어볼까?"라고 답할 수 있다. 이러한 대화는 아이가 자신의 꿈과 상상력을 실현할 수 있도록 격려하며, 동시에 사회적 책임감을 키우는 데 도움이 된다. 무엇보다 엄마는 아이의 표현에 대해 일차적인 답변 또는 행동에 그치면 안 된다. 이를 꾸준히 실천하고 이어나갈 수 있도록 관심을 가지고 돕는 것이 중요하다.

상상력이란?

상상력(想像力)은 인간이 창조하는 무한한 가능성의 영역이다. 이는 우리가 경험한 것들을 넘어서 새롭고 독창적인 아이디어나 이미지를 마음속에서 구현해내는 능력을 말한다. 상상력은 단순히 비현실적인 생각이나 환상을 하는 것이 아니라, 현실 세계와 상호작용하며 새로운 솔루션, 예술 작품, 발명품 등을 창출해내는 과정에서 핵심적인 역할을 한다.

상상력은 단순히 개인의 내면에서만 중요한 것이 아니라, 사회적으로도 큰 가치를 지닌다. 혁신과 진보는 종종 상상력에서 비롯되며, 상상력이 풍부한 사람들은 새로운 기술, 예술 형태, 사회적 변화를 주도한다. 예를 들어 전화, MP3, DMB, 메시지, 메모장 등은 처음에 그 기능이 독립적으로 존재했지만, 이를 하나로 합칠 상상력이 발현되었고, 그 결과 스마트폰이 탄생한 것처럼 말이다.

이처럼 상상력은 인류의 발전과 문화의 다양성에 필수적인 요소다. 결론적으로 상상력은 인간의 창의적 표현과 지적 성장의 근원이며, 개인과 사회 모두에게 필수적인 요소이다. 그것은 우리가 현실을 넘어선 것을 상상하고, 불가능해 보이는 것을 가능하게 만드는 힘을 가지고 있다. 상상력을 통해 우리 아이는 끊임없이 새로운 가능성을 탐색하고, 자신과 세계를 변화시킬 수 있는 기회를 얻을 수 있게 될 것이다.

독서와 토론을 통해 상상력 길러주기

독서와 토론은 아이의 상상력을 길러주는 매우 효과적인 방법
이다. 이 두 활동은 아이가 새로운 아이디어와 관점을 탐색하고, 자
신의 생각을 구체화하고 발전시킬 수 있는 기회를 제공한다.

독서를 통해 상상력을 신장하는 방법에는 다음과 같은 것들이
있다. 우선 다양한 장르의 책을 읽게 한다. 아이에게 다양한 장르
의 책을 읽게 함으로써 다양한 세계관, 문화, 아이디어를 접하게 하
면 다양한 관점을 이해하고, 자기만의 상상력을 키우는 데 큰 도움
이 된다. 특히 상상력을 자극하는 판타지, 과학 소설, 모험 이야기
와 같은 책은 아이의 상상력을 무한히 자극하고 마음속에서 새로운
이미지를 그려보게 한다. 아이의 상상력에 날개를 다는 격이다.

무엇보다 아이와 부모가 함께 독서하는 시간을 가지면 더욱 좋
다. 아이는 부모와 함께 책을 읽으면서 자신의 독서 활동을 신뢰하
게 된다. 이 과정에서 아이가 책 속 내용에 더 몰입할 수 있게 되
고, 부모에게 질문하며 곧바로 자신의 가설을 검증하기도 한다. 이
때 앞장에서 이야기한 엄마의 말투를 적용하면 더욱 효과적이다.

독서가 읽기에서 그치지 않고 행동으로 이어지려면 토론이 중요하다. 책 속 이야기에 대한 토론을 유도하며 아이가 자신의 생각과 해석을 정리하는 시간을 갖게 하면 자기만의 기준이 생기기 때문이다. 책을 읽은 후, 이야기의 특정 부분이나 등장인물의 행동에 대해 아이의 의견을 물어볼 수 있다. 특히 비판적 사고와 창의적 해답을 기대한다면 "만약 네가 이 이야기의 주인공이라면 어떻게 행동할 것 같아?" 또는 "이 이야기를 다르게 끝낼 수 있는 방법은 무엇일까?"와 같은 질문을 통해 아이가 다양한 가능성을 탐구하도록 도와줄 수 있다.

아이의 상상력과 창의력 발달은 다양한 환경 제공, 엄마의 대화법, 독서와 토론을 통해 지원될 수 있다. 이 모든 요소는 아이가 자신의 꿈과 상상을 현실로 전환하는 데 필요한 기반이 된다. 아이의 창의력과 상상력은 단순히 개인의 발전에만 기여하는 것이 아니라, 사회적으로도 큰 가치를 창출한다. 따라서 아이가 상상력을 풍부하게 발휘하고 창의적인 해결책을 찾아낼 수 있도록 돕는 것은 엄마가 아이를 위해 해줄 수 있는 최고의 투자이다. 세 살 때의 상상력을 여든까지 이어주는 대화법을 통해 우리 아이의 상상력을 극대화시켜 보자.

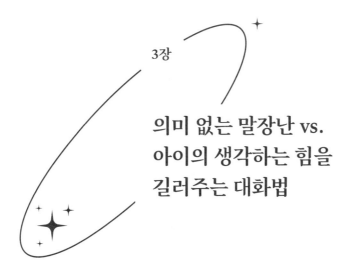

3장

의미 없는 말장난 vs.
아이의 생각하는 힘을
길러주는 대화법

IT 기술의 발달로 현대 사회에서 아이들은 더 넓은 정보의 홍수 속에서 살아가고 있다. 이 많은 정보를 홀로 처리할 수 없는 아이들은 가정에서 부모의 가르침에 따라 필요한 정보를 선택한다. 이러한 환경 속에서 부모와의 대화는 아이들에게 세상을 이해하는 창이자, 자신의 생각을 구성하고 표현하는 기본적인 수단이다.

그러나 때때로 의미 없는 말장난이 이러한 대화의 장을 점유한다. 의미 없는 말장난은 잠시의 웃음을 제공할 수는 있으나, 아이의 생각하는 힘을 길러주는 데에는 도움이 되지 않는다. 이에 반해, 질문을 통해 아이의 호기심을 자극하고 메타인지를 활용하여 아이 스스로 생각하게 하는 대화법은 아이의 사고력과 창의력을 키울 때 훨씬 더 도움이 된다.

의미 없는 말장난의 무용성

의미 없는 말장난이란, 정보의 교환, 지식의 확장, 사고력의 발달 등을 촉진하기보다는 순간의 즐거움이나 재미를 위한 대화를 말한다. 이런 유형의 대화는 부모가 자신의 지식과 정보를 과시하기 위해 아이와 진행하는 경우가 많다. 예를 들어, 부모가 이미 알고 있는 답을 요구하는 질문을 하거나, 아이의 이해를 돕지 않는 복잡한 언어적 농담을 사용하는 것이 여기에 속한다. 이런 상황은 아이에게 학습의 기회를 제공하기보다는 혼란을 주거나 자신감을 저하시킬 수 있다.

부모와의 대화에서 아이는 사고의 틀을 확장하고, 언어적 능력을 발달시키며, 세상을 이해하는 방법을 배운다. 그러나 의미 없는 말장난은 이러한 발달적 기회를 박탈하고, 아이가 성장할 수 있는 기회를 제한한다. 따라서 부모는 자신의 언어적 우위를 이용하여 아이와의 대화를 지배하기보다는, 아이가 자신의 생각을 표현하고 탐구할 수 있는 환경을 조성해야 한다. 아이가 아이의 창으로 세상을 바라보도록 도와야 한다는 것이다.

아이와의 대화에서 사용하는 엄마의 말투와 방식은 아이의 창의력, 사고력, 그리고 인지 능력 발달에 막대한 영향을 미친다. 여기서 우리가 주목해야 할 것은 단순히 언어적 교류의 양보다는 그 질과 방향성이다. 아이의 사고력 확장을 위해 얼마나 질 높은 대화를 했느냐가 아이의 발달 과정 모든 면에 영향을 끼친다는 말이다. 그렇다면 어떻게 해야 질 높은 대화를 할 수 있을까? 질 높은 대화를 위한 대화법의 핵심은 '질문'과 '메타인지'다.

질문을 통한 상상력 자극

가정에서 종종 의미 없이 반복되는 말장난이나 질문은 아이의 상상력과 창의력을 제한할 수 있다. 말꼬리를 무는 농담이나 동음이의어를 사용해 대화의 흐름을 방해하는 언어유희는 올바른 언어 성숙기를 보내야 할 아이들에게 전혀 도움이 되지 않는다. 아이들에게 필요한 것은 상황에 따른 정확한 언어 구사력이지 어른과 같은 표현 능력을 갖는 게 아니기 때문이다. 그러므로 부모의 경험 우위를 앞세운 불필요한 말장난은 지양해야 한다. 부모가 함께하지 않는 특정 상황에서 아이가 부모의 말을 따라 하면 난감한 상황이 될 수 있기 때문이다.

상상력을 자극하지 않는 말도 바꿔서 말하면 좋다. "너는 좋은 아이야."라는 말은 긍정적인 피드백이지만, 아이에게 생각할 여지를 주지 않는다. 이러한 말은 아이가 자신의 행동을 스스로 평가하고, 그 이유를 이해하는 데 도움이 되지 않는다. 반면, 아이에게 개방형 질문을 하여 아이의 생각과 상상력을 자극하는 대화법은 아이가 스스로 생각하고, 자신의 아이디어를 발전시킬 때 중요한 역할을 한다. 이러한 질문은 '왜' 또는 '어떻게'로 시작할 수 있으며, 아이가 자신만의 답을 탐색하도록 돕는다.

또한 "너는 오늘 학교에서 무엇을 배웠니?"보다는 "오늘 학교에서 가장 흥미로운 것은 무엇이었고, 그 이유는 뭐야?"라고 물어보는 것이 아이에게 자신의 생각을 공유하고 확장할 기회를 준다. 이런 질문은 아이가 그날의 경험을 다시 생각하고, 자신의 감정과 생각을 분석하는 과정을 거치게 하기 때문이다. 이야기 만들기 활동을 할 때에도 마찬가지다. "만약 네가 마법의 세계에 간다면, 어떤 마법을 사용하고 싶어?"라고 물어볼 수 있다. 이러한 질문은 아이에게 상상의 세계를 탐험할 기회를 제공하며, 다양한 가능성을 고려하고, 자신만의 이야기를 창조하도록 유도한다.

아이의 창의력을 높이기 위한 대화법은 단순히 올바른 답을 찾는 것이 아니라, 아이가 스스로 생각하고, 자신의 아이디어를 탐색하도록 격려하는 것에 초점을 맞춰야 한다. 이러한 대화법은 아이가 자신의 생각을 개방적으로 표현하고, 비판적 사고를 발달시키며, 창의적 문제 해결 능력을 키우는 데 필수적이다. 아이와 대화를 통해 상상력과 창의력을 자극하려면, 의미 있는 질문을 하고, 아이의 생각을 진지하게 듣고, 그 아이디어를 발전시킬 수 있는 기회를 제공하는 것이 중요하다.

메타인지의 중요성

메타인지는 자신의 생각과 학습 과정에 대한 인식과 이해를 말한다. 이는 아이의 상상력, 창의력 및 문제 해결 능력에 깊은 영향을 미친다. 엄마가 아이와 소통하는 방식은 이 메타인지를 크게 확장할 수 있는 기회를 제공한다. 어떻게 메타인지를 통해 아이의 창의력을 극대화할 수 있는지, 그리고 엄마가 이 과정에 어떻게 기여할 수 있는지 자세히 알아보자.

메타인지는 아이가 자신의 생각과 학습 방식을 알게 하여 더 효과적으로 문제를 해결하고 새로운 아이디어를 생각해낼 수 있도록 돕는다. 메타인지가 강한 아이는 자신의 학습 과정을 스스로 평가하고 조절할 수 있다. 창의적인 해결책을 찾아내는 데 유리하며, 상상력이 풍부한 아이로 성장하게 한다.

엄마는 아이와의 대화에서 메타인지를 촉진할 수 있는 질문을 통해 아이의 사고력을 확장시킬 수 있다. 예를 들어, 아이가 어떤 문제에 직면했을 때, "네가 이 문제를 어떻게 생각하는지 말해볼래?" 또는 "다른 방법으로 이 문제를 해결할 수는 없을까?"와 같이 질문한다면, 아이가 자신의 생각을 면밀히 분석하고 다양한 해결책을 생각하게 된다.

아이의 창의력 발달에 있어 부모의 역할은 매우 중요하다. 아무리 정보의 홍수 속에서 살고 있더라도 결국은 부모라는 창구를 통해 진리를 습득해 나가기 때문이다. 무엇보다 그 시작은 부모의 말투와 대화 방식이다. 자신의 생각을 객관적으로 바라보는 메타인지 능력이 있는 것만으로도 타인과의 협력이나 조력은 따 놓은 당상이나 마찬가지다. 아이가 미래에 다양한 문제에 직면했을 때, 유연하고 창의적으로 대처할 수 있는 기반을 마련해 줄 메타인지를 키울 수 있도록 노력하자.

가정에서의 의미 있는 대화는 교육적인 가치가 매우 높다. 의미 없는 말장난 대신에 아이의 생각하는 힘을 길러주는 대화를 함으로써, 우리는 아이들이 복잡한 세상을 스스로 이해하고, 자신만의 창의적인 해결책을 찾아낼 수 있도록 지원할 수 있다. 아이와의 대화에서 생각을 유도하는 질문과 메타인지를 중심으로 하는 접근법은 아이의 사고력과 창의력을 키우는 가장 효과적인 방법 중 하나이다. 엄마가 할 수 있는 최선은 아이들이 자신의 생각과 아이디어를 자유롭게 탐구하고 발전시킬 수 있는 환경을 제공하는 것임을 잊지 말자.

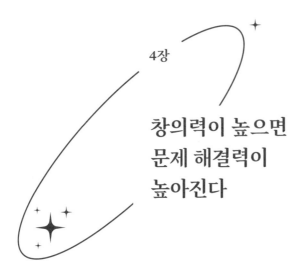

4장

창의력이 높으면 문제 해결력이 높아진다

우리 삶은 예측할 수 없는 실패들로 가득 차 있다. 중요한 것은 이러한 실패가 내 아이를 더 강하게 만들고, 내면의 창의력을 불태울 수 있는 기회가 될 수 있다는 것이다. 실패 후에 다시 일어설 수 있게 하는 것은 바로 자존감과 창의력이다. 하지만 실패를 겪었을 때, 단순히 자존감을 유지하는 것만으로는 충분하지 않다. 자존감이 '다시 시도해도 괜찮다.'라는 용기를 주는 반면, 창의력은 '어떻게 다르게 접근할 수 있을까?'를 탐구하게 하기 때문이다. 창의력은 실패를 극복하고 문제 해결로 나아가는 과정에서 핵심적인 역할을 한다. 창의력이 어떻게 우리 아이를 실패

속에서 다시 성공의 길로 이끌 수 있는지 알아보자.

실패의 순간, 창의력은 피어난다

아이들이 성장하는 과정에서 겪는 다양한 실패는 창의력을 꽃
피우는 비옥한 토양이 될 수 있다. 실패한 순간, 이를 단순히 넘어
지는 것으로 보지 않고, 어떻게 하면 더 잘 일어날 수 있을지 고민
할 때, 창의력이 자라나기 시작하기 때문이다.

초등학교 학급 회장선거에 출마한 학생이 있었다. 스스로 공약
도 개발하고 원고 작성과 스피치 연습도 열심히 하였다. 그러나 아
쉽게도 결과가 좋지 않았다. 준비한 대로 최선을 다했지만 워낙 평
소에 인기가 많았던 친구가 회장이 된 것이다. 학생의 어머니에게
들어보니 아이가 집에 와서 펑펑 울었다고 한다. 어머니도 마음이
아팠지만 아이가 한 단계 성장하는 계기가 되었다며 아이를 격려
하고 위로하고 있다고 말했다. 그 뒤 어떻게 되었을까? 실패후에도
포기하지 않고 다시 착실하게 준비한 그 학생은 다음 학년이 되어
서 학급 회장이 되었다고 한다.

앞의 학생은 처음에 세상이 무너진 느낌이었을 것이다. 너무나
마음이 아팠을 것이다. 당장은 마음이 아프겠지만 성실하게 준비하

고 후회 없이 능력을 발휘했으면 된다. 도전하는 것은 회피하는 것보다 낫다. 그 경험이 어디로 사라지지 않기 때문이다. 이렇게 준비하고 실행했던 경험은 잠재력에 고스란히 쌓여 어른이 되어 중요한 발표나 면접에서 능력을 발휘할 수 있는 힘이 된다.

아이가 무언가에 실패했을 때, 스스로 '이번에 실패했지만 괜찮아, 다음에 더 잘할 수 있어.'라고 말할 수 있다면, 이는 그 어떤 동기부여보다 더 큰 힘을 발휘한다. 내적 동기가 발휘된 것이기 때문이다. 이런 태도는 아이가 실패를 긍정적으로 받아들이고, 다음 시도에 더 나은 방법을 찾도록 돕는다. 이 과정에서 아이는 자연스럽게 문제를 다양한 관점에서 바라보고, 창의적인 해결책을 생각해내는 능력을 키운다.

아이가 실패한 후에도 자신감을 잃지 않으려면 엄마의 격려와 지지가 무엇보다 필요하다. '시도한 것만으로도 대단해.'라고 말해주면, 아이는 실패를 두려워하지 않게 된다. 이런 환경에서 아이는 더 많은 시도를 하게 되고, 창의적인 생각을 자유롭게 펼칠 수 있다. '이번에 안 되면 다른 방법도 생각해보자.'라고 말하면 아이가 스스로 해결책을 찾는 힘을 얻게 된다. 여러 시도 끝에 찾아낸 해결책은 아이에게 큰 성취감을 주며, 이런 과정은 아이의 창의력을 자극하고, 특히 문제 해결 능력을 키우는 데 큰 도움이 된다.

실패의 순간마다 아이가 창의력을 발휘해 문제를 해결하는 모습을 지켜보는 것은 부모로서 큰 기쁨이다. 특히 '실패는 끝이 아니라 새로운 시작이다.'라는 삶의 태도를 견지한 엄마와 아빠를 보며 자라는 아이는 자존감을 바탕으로 실패에서 빠르게 배우고, 창의적으로 문제를 해결하는 방법을 모색할 수 있다. 이것이 바로 아이를 성공으로 이끄는 정신적 자산이다.

자존감과 창의력, 그리고 문제 해결

자존감은 아이가 자신을 어떻게 생각하는지에 대한 기초이다. 그러나 앞에서 말했듯이 아이가 직면한 문제를 해결하기 위해서는 자존감만으로는 부족하다. 바로 이때, 창의력이 중요한 역할을 한다. 자존감이 높은 아이들은 자신의 능력을 믿기 때문에, 새로운 해결책을 시도할 때 두려움을 덜 느낀다. 이러한 시도는 창의력을 자극하고, 아이의 문제 해결 능력을 키우는 데 필수적이다. 그렇다면 창의력은 어떻게 발현하고 문제 해결과 어떤 연관성이 있을까?

발명왕 토머스 에디슨은 전구를 개발할 때 1만 번 넘게 실패했다. 1만 번의 실패 후, 왜 실패에 좌절하지 않느냐는 기자의 질문에 그는 이렇게 말했다. "나는 실패한 적이 없다. 다만 효과가 없는

1만 가지 방법을 찾았을 뿐이다." 실패에 대한 관점의 전환과 끊임없는 창의적 시도가 토머스 에디슨을 만든 것이다. 이처럼 아이가 문제에 부딪혔을 때, 그저 기존의 방식으로 접근하는 것이 아니라 새로운 관점에서 해결책을 찾으려고 시도하는 것이 중요하다. 예를 들어, 퍼즐을 맞추는 다양한 방법을 시도하거나 놀이에서 새로운 규칙을 만들어보는 것이 이에 해당한다. 이 과정에서 아이는 자신만의 독특한 아이디어를 발전시킬 수 있다. 특히 문제를 해결하는 과정에서 아이들이 다양한 방법을 시도하도록 격려하는 것은 엄마가 줄 수 있는 최고의 선물이다.

실패를 두려워하지 않고, '만약에'라는 상상을 현실로 만들어보는 것이 창의력을 발휘하는 데 도움이 된다. 이를 통해 아이들은 문제 앞에서 좌절하지 않고, 오히려 다양한 해결책을 모색하는 힘을 기르게 되기 때문이다. 아이는 자신에 대한 믿음이 있을 때, 새로운 시도를 두려워하지 않는다. 이는 실패를 하더라도 좌절하지 않고 다시 도전할 수 있는 힘을 준다. 따라서 '엄마의 말투와 행동'으로 먼저 아이의 자존감을 높여주는 것이 중요하다. 아이의 시도를 칭찬하고, 실패해도 괜찮다는 것을 알려주는 것이 좋다는 말이다.

창의할 수 있는 생각이 곧 힘이다

우리는 빠르게 변하는 세상에서 살고 있다. 어릴 적 상상조차 못 했던 직업들이 현재는 많은 사람들의 일상이 되었다. 어플리케이션 개발자, 빅데이터 분석 관리자와 같은 직업은 1990년대에는 존재하지 않았다. 기술의 진보와 사회의 변화가 수많은 새로운 직업을 창출한 것이다. 따라서 우리가 자녀를 양육하는 방식도 이러한 변화에 맞춰야 한다.

1990년대 혹은 그 이전 세대에 태어난 우리가 앞으로 빠르게 변하는 세상을 예측하기는 어렵다. 때문에 우리 아이들이 앞으로 어떤 직업을 가지고 무슨 일을 할지 예측하는 것이 불가능하다. 이것을 인정하면 많은 가능성이 열린다. 4차 산업혁명이 일상이 되고 5차 산업혁명에 대한 논의가 시작되는 지금, 데이터 통신 속도가 5G에서 6G로 넘어가는 상황에서 과거의 교육 방식과 생각으로는 자녀들의 미래를 준비하기 어렵다.

우리 아이들이 미래의 변화에 유연하게 대처할 수 있도록, 창의력을 키워주는 것이 무엇보다 중요하다. 창의력은 새로운 문제에 대한 해결책을 찾는 능력이며, 이는 미래 어떤 직업에서든 중요한 역량이다. 우리 아이가 자신만의 방식으로 생각하고, 실험하며, 새로운 해결책을 찾을 수 있도록 격려해야 한다. 또한, 자존감을 높여 자녀가 자신의 능력을 믿고 늘 도전할 수 있도록 응원해야 한다.

창의력을 발휘하게 하고 자녀를 격려하는 과정에서, 윤리적이고 법적인 기준을 지키게 하는 것도 매우 중요하다. 앞으로 미래 산업과 기술 그리고 직업에서의 싸움은 이러한 기준이 있는 자와 없는 자의 차이라고 봐도 무방하다. 물질만능주의가 더욱 심화되는 상황 속에서 윤리와 준법 의식을 지닌 인재가 결국에는 존경받고 살아남을 것이기 때문이다.

미래 세계는 우리가 현재 예측할 수 없는 방향으로 발전할 것이다. 그렇기 때문에 창의력은 아이의 문제 해결 능력을 키우는 데 더욱 필요한 자원이다. 자존감과 창의력이 서로 뒷받침할 때, 아이는 어떤 문제에도 당당히 맞설 수 있다. 엄마들이여, 아이들이 자신의 아이디어를 자유롭게 표현하고 실험할 수 있도록 격려하는 환경을 마련하자. 이것이 바로 아이가 세상의 다양한 문제를 창의적으로 해결할 수 있는 힘을 기르는 길이다.

자녀가 빠르게 변하는 세상에서 자신의 길을 찾고, 새로운 도전을 두려워하지 않는 유연하고 창의적인 사고를 가진 인재로 성장할 수 있도록 엄마의 역할을 다하자. 이를 위해 자녀의 자존감과 창의력을 지속적으로 지지하고, 윤리적이며 법적인 기준을 가르치며, 미래에 대한 준비를 함께하자.

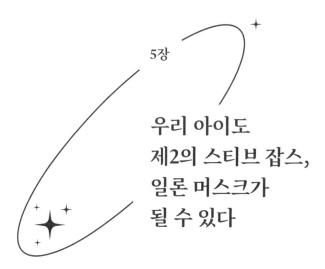

5장

우리 아이도
제2의 스티브 잡스,
일론 머스크가
될 수 있다

자녀의 창의력을 발달시키는 것은 성공적인 육아의 핵심 요소 중 하나이다. 이를 위해 부모로서 알맞은 환경을 제공할 수 있다면 얼마나 좋을까? 다행히 너무 걱정하지 않아도 된다. 스티브 잡스와 일론 머스크와 같은 인물들의 어린 시절을 살펴보면, 그들이 가진 창의성과 혁신적 사고의 기초가 어떻게 형성되었는지 알 수 있다. 이러한 사례들은 엄마가 자녀의 창의력을 어떻게 장려하고 발달시킬 수 있을지 이해하는 데 도움이 될 것이다.

호기심 많았던 스티브 잡스

　필자는 창의력이야말로 미래를 이끌어갈 인재들에게 필수적인 자질이라고 계속 강조했다. 애플을 세상에 탄생시키며 창의력의 끝을 보여주었던 스티브 잡스를 기억하는가? 스티브 잡스 이야기를 통해 우리는 중요한 메시지를 얻을 수 있다. 그의 이야기는 창의력이 어떻게 한 개인의 삶과 세상을 변화시킬 수 있는지를 보여준다. 또한 잡스의 어린 시절을 살펴보면, 그가 어떻게 혁신적인 사고방식을 갖추게 되었는지 흥미로운 통찰을 얻을 수 있다.

　부모로서 우리의 목표는 자녀가 스티브 잡스와 같은 창의력을 발휘할 수 있도록 격려하고 지원하는 것이다. 이를 위해 잡스의 어린 시절에서 얻을 수 있는 교훈을 살펴보고, 이를 우리 자녀의 양육에 어떻게 적용할 수 있는지 알아보자.

　스티브 잡스의 어린 시절은 호기심이라는 단어 하나로 정의해도 과언이 아닐 정도였다. 그는 강한 호기심으로 다양한 생각과 실험을 통해 세상을 학습했다. 그리고 그걸 가능하게 한 요인 중에는 잡스 부모의 뒷받침이 있었다. 상황을 한번 가정해 보자. 퇴근 후 집으로 돌아온 당신 눈앞에 아이가 스마트폰, 전자 오락기, TV 등의 전자기기를 분해하고 있는 모습이 들어온다면 어떻게 할 것인가? 우리나라 부모들의 십중팔구는 아이행동을 저지하려고 할 것이다.

하지만 스티브 잡스의 부모는 그가 전자기기를 분해하고 재조립하는 것을 매우 장려했다고 한다. 전자기기를 분해하고 재조립한 경험은 그에게 문제 해결 능력과 창의적 사고를 발달시키는 기반을 마련해주었을 것이 확실하다. 자신의 지성 발휘와 감성적으로 지지해주는 부모의 역할이 만나 시너지 효과를 냈을 것이기 때문이다. 그러므로 자녀의 창의력 향상을 위해서는 다양한 활동을 통해 실험하고 탐색하도록 돕는 게 무엇보다 중요하다. 아이와 함께 집에 소규모 실험실을 만들거나 다양한 DIY 프로젝트를 함께해 보자. 아이의 호기심을 적극 지지하면 아이가 실패를 두려워하지 않게 된다.

잡스는 문학, 음악, 디자인 등 다양한 분야에도 관심이 많았다. 이러한 다양한 관심사는 그의 창의적인 사고와 혁신적인 제품 디자인에 영향을 미쳤다. 또한 주어진 상황을 그대로 수용하기보다는 비판적으로 생각하고 독창적인 해결책을 모색했다. 그가 기존의 제품이나 서비스를 개선하고 혁신적인 아이디어를 실현할 수 있게 한 기반에는 이러한 배경이 있었던 것이다. 별다를 것 없는 일상 속에서 '왜?'라는 질문을 자연스럽게 할 수 있는 것은 어린 시절의 특권이다. 이를 인정하고 격려하면 자녀의 사고력 확장에 큰 도움이 된다.

스티브 잡스의 어린 시절은 오늘날 부모들에게 중요한 교훈을 준다. 창의력은 타고나는 것이 아니라, 적절한 격려와 환경을 통해 발달시킬 수 있다는 사실이다. 자녀가 다양한 경험을 하고, 호기심을 키우며, 비판적으로 생각할 수 있는 환경을 조성하는 것이 중요하다. 우리 자녀도 제2의 스티브 잡스가 될 수 있다. 창의력과 혁신은 그들의 미래를 위한 필수적인 역량임을 잊지 말자.

독서광 일론 머스크

독서는 지식의 창으로 아이의 상상력과 창의력을 자극한다. 일론 머스크는 오늘날 가장 혁신적인 사업가 중 한 명이며, 그의 어린 시절을 보면 독서가 어떻게 한 인간의 사고방식과 세계를 바라보는 관점을 형성할 수 있는지를 잘 보여준다. 머스크의 어린 시절 독서 습관은 그가 나중에 테슬라, 스페이스X, 그리고 솔라시티와 같은 회사를 창립하고 혁신을 이끌어가는 데 결정적인 역할을 했다. 이번에는 머스크의 어린 시절 독서 이야기를 통해 부모님들이 어떻게 자녀의 독서 습관을 길러주고 창의력을 발달시킬 수 있는지 탐구해보자.

일론 머스크는 어릴 때부터 하루에도 몇 권씩 책을 읽었다고 한다. 그는 판타지, 과학 소설, 문학 소설 등 다양한 장르의 책을 읽었다. 이러한 광범위한 독서는 그의 상상력을 자극하고, 나중에 혁신적인 아이디어를 현실로 만들어준 창의력의 기반이 되었다. 특히 어린 시절 읽은 과학 소설과 판타지 소설에서 영감을 받아, 현실 세계에서도 그러한 상상력을 구현하고자 했다. 이는 그가 스페이스X를 설립하고 우주여행의 꿈을 추구하는 데 중요한 영향을 미쳤다. 머스크는 책을 많이 읽었던 것이 자신을 변화시켰고, 책에서 배운 것들을 실제 세계에 적용하고자 했다며 자신의 어린 시절을 회고하기도 했다.

책은 그 중요성을 아무리 강조해도 지나치지 않다. 그러므로 자녀가 다양한 장르의 책을 읽도록 도와라. 도서관 방문을 정기적인 활동으로 만들고, 서점에 나가 트렌드를 익히는 연습을 시켜라. 책을 선물하는 것을 아주 특별한 일로 여기도록 만들어주면, 주변 사람들이 아이를 덕망 있고 품위 있는 사람으로 기억할 것이다. 또한 자녀와 자녀의 관심사에 맞는 책을 함께 고르는 시간을 가지면 자녀의 관심사를 넌지시 엿볼 수도 있다. 책을 읽었을 때 가장 중요한 활동은 기록과 실행이다. 아이가 책에서 읽은 내용을 바탕으로 자신만의 상상력을 발휘할 수 있도록 독서록을 쓰고, 책의 내용을 실천할 수 있도록 장려해보자. 하루가 다르게 성장하는 아이의 모습에 절로 미소가 지어질 것이다.

일론 머스크의 어린 시절 이야기는 독서가 아이의 창의력과 상상력을 발달시키는 데 얼마나 큰 영향을 미치는지를 보여준다. 자

녀가 독서를 통해 다양한 세계를 탐험하고, 새로운 아이디어를 창
출하며 문제 해결 능력을 키울 수 있도록 지원하는 것이 중요하다.
부모의 격려와 지원은 자녀가 독서의 즐거움을 알게 하고, 창의적인
사고 능력을 발달시키는 중요한 역할을 한다는 사실을 잊지 말자.

아이의 한계를 짓지 말라

스티브 잡스와 일론 머스크 사례를 통해 창의력 향상을 위한 3
가지 법칙을 배울 수 있다. 첫째는 실험적인 학습을 지원하라는 것
이다. 자녀가 새로운 아이디어를 시도하고 실패에서 배울 수 있도
록 격려하는 것보다 더 큰 스승은 없다. 실패를 학습의 기회로 보
고, 창의적인 해결책을 모색하도록 도와줄 수 있는 엄마가 되자. 둘
째는 자율성 존중이다. 자녀에게 자신의 프로젝트를 선택하고, 자
신의 관심사를 따라갈 수 있는 자유를 제공하라. 이는 자신의 열정
을 조기에 발견하고 방향성을 정하는 데 도움이 된다.
마지막으로 환경 조성이다. 창의력을 발휘할 수 있는 환경을
만들어라. 예를 들어, 예술 용품, 과학 키트, 코딩 토이 등 자녀가
탐구하고 창조할 수 있는 다양한 자료를 제공하라. 스티브 잡스와
일론 머스크의 어린 시절을 통해 창의력 발달에는, 자녀가 자신만

의 경로를 탐색할 수 있도록 부모의 물적, 심적 지원도 필요하다는 것을 알 수 있다. 그렇기 때문에 환경 조성은 아이가 어른으로 자라는 여정에서 매우 중요하다.

자녀의 창의력을 발달시키고, 그들이 제2의 스티브 잡스나 일론 머스크가 될 수 있도록 지원하는 것은 결코 한순간에 이루어지지 않는다. 꾸준한 관심, 지속적인 격려, 그리고 어린 마음을 이해하려는 노력에서 비롯된다. 실험적 학습의 지원, 자율성의 존중, 창의적 탐구를 위한 환경 조성 등을 통해 우리는 자녀들이 그들만의 독창적인 길을 개척하도록 도울 수 있다.

이 과정에서 중요한 것은 자녀가 실패를 두려워하지 않고, 자신의 호기심과 창의력을 마음껏 발휘할 수 있는 길을 제공하는 것이다. 이 길을 따라가다 보면, 우리 아이들도 언젠가는 자신만의 성공적인 이야기를 쓸 수 있을 것이다. 그들의 무한한 가능성을 믿으며, 창의력과 혁신의 여정을 함께 걸어가는 것, 그것이 육아에서 우리에게 주어진 가장 소중한 임무다. 우리 아이도 제2의 스티브 잡스, 일론 머스크가 될 수 있다는 사실을 꼭 기억하자.

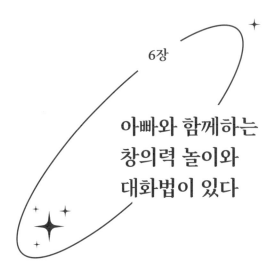

6장

아빠와 함께하는 창의력 놀이와 대화법이 있다

육아에서는 부모 모두의 역할이 중요하다. 과거에는 서점에서 인기 있는 육아 서적들을 보면 주로 엄마의 역할을 강조했다. 최근에는 아빠의 역할을 강조하는 책들도 베스트셀러로 자리 잡고 있는데, 육아에서 아빠의 역할이 얼마나 중요한지를 나타내는 시대정신이라고 볼 수 있다. 특히 이번 장에서 주요 키워드로 삼고 있는 '창의력'을 아이의 무기로 심어주려면, 아빠의 역할을 무시할 수 없다. 아빠와 함께하는 놀이나 대화가 아이의 사회적, 정서적 발달에 큰 영향을 미치기 때문이다. 그래서 창의력의 마지막 이야기로 창의력과 아빠를 주제로 정했다. 육아에서 아빠와 엄마의 차이점을 이해하고 이를 바탕으로 효과적인 육아 방법을 모색해보자.

아빠와 엄마의 차이

필자는 전통적인 성역할을 고착화하거나 부모의 역할을 구분 지으려는 의도가 전혀 없다는 사실을 먼저 밝힌다. 대한민국에서 태어난 30~40대 부모들이 가지고 있는 보편적인 인식에 대해 이야기하는 것이니, 그런 이야기는 논외로 하자.

아빠와 엄마의 창의력 놀이에는 약간 차이가 있다. 아빠는 일반적으로 엄마보다 더 대담하고 모험적인 놀이를 선호하는 경향이 있다. 예를 들어, 아빠는 아이와 함께 놀이용 집이나 아지트를 짓거나 로켓을 만드는 등의 프로젝트를 함께할 때 더 큰 열정을 보인다. 이러한 활동은 아이의 문제 해결 능력과 창의적 사고를 자극한다. 반면, 엄마는 안전하고 교육적인 놀이를 선호한다. 특히 아이의 감정을 이해하며 수용하고 관계 중심적 육아를 추구하기 때문에 아이의 언어 발달과 정서적 안정감을 증진시키는 데 큰 도움이 된다.

대화법에서는 이런 차이가 있다. 아빠는 아이에게 도전적인 질문을 던지는 경향이 있어 아이가 스스로 생각하고 답을 찾아가는 과정을 격려한다. 간혹 엄마가 이러한 모습이 너무 지나치다고 생각할 때도 있지만, 이는 아이의 독립적 사고와 자신감을 키울 때 기여한다. 엄마는 아이의 감정과 생각을 더 자세히 탐구하는 경향이 있다. 이는 아이가 자신의 감정을 이해하고 타인의 감정에 공감하는 능력을 키우는 데 중요하다.

아이의 창의력을 키우기 위한 아빠의 적극적인 참여는 아이의 성역할에 대한 이해를 넓히고 다양한 사회적 상황에 대처하는 능력을 키운다. 또한, 아빠의 참여는 아이에게 안정감과 책임감을 제공하는데, 아이는 아빠가 참여하는 수준에 따라 가족 내에서의 긍정적인 상호 작용 모델을 배운다. 즉, 아빠와의 창의력 놀이와 대화는 아이의 건강한 발달을 위해 필수적이다. 아빠와 엄마의 차이점을 이해하고 이를 육아에 적극적으로 활용하는 것은 아이가 보다 균형 잡힌 인격을 갖추게 한다.

아빠와 엄마가 함께 협력하여 아이의 성장과 발달을 지원하는 것은 가정 내에서 건강한 관계를 형성하게 하고, 아이가 사회적으로 성숙한 인격체로 성장하게 한다. 결국 육아는 부모 모두의 참여와 노력이 필요한 과정이며, 아빠와 엄마 모두 아이의 창의력과 대화 능력을 발달시키는 과정에서 중요한 역할을 한다. 육아는 한 사람의 역할만 중요한 것이 아니라, 부모가 함께 아이를 지원하고 성장시키는 과정이기 때문이다. 따라서 아빠와 엄마 모두 아이의 창의력과 대화 능력 발달에 적극적으로 참여해야 한다.

아빠가 놀아주면 성장의 폭이 넓어진다

육아는 양육자들의 조화로운 협력이 필요한 과정이다. 최근 연구들은 아빠가 창의력 놀이와 대화에 적극적으로 참여할 때, 아이의 성장에 긍정적인 영향을 미친다고 보고하고 있다. 이 글에서는 '아빠가 놀아주면 성장의 폭이 넓어진다.'라는 주제를 중심으로, 가정에서 바로 적용할 수 있는 사례들을 공유하고자 한다. 아빠의 참여가 아이의 창의력, 사회성, 정서적 발달에 어떻게 기여하는지를 살펴보며, 아빠가 아이의 발달에 중요한 역할을 한다는 점을 강조하고자 한다.

하버드 대학교의 발달심리학자인 마이클 요그먼Michael Yogman 박사는 아빠와 아이의 놀이가 아이의 사회적 기술과 학습 능력, 그리고 문제 해결 능력에 긍정적인 영향을 미친다는 연구 결과를 발표했다. 요그먼 박사에 따르면, 아빠는 종종 아이들과 더 위험하고 모험적인 놀이를 선호하는데, 이는 아이들이 자신감을 키우고, 도전적인 상황에서도 긍정적으로 대처하는 능력이 발달하게 한다는 것이다. 미국의 유명 작가이자 심리학자인 스티븐 핑커Steven Pinker 는 아빠가 아이와의 대화에서 사용하는 언어가 아이의 언어 발달에 중요한 역할을 한다고 말했다. 그는 아빠가 아이에게 다양한 어휘와 복잡한 문장 구조를 사용하는 것이 아이의 언어 능력 향상에 기여한다고 말했다.

이처럼 육아에서 아빠의 참여는 매우 중요한데, 여기에서는 아빠가 아이의 창의력을 향상시키기 위한 두 가지 스킬을 제안한다. 첫째는 '감정 표현하기'다. 아빠는 아이의 일상생활에서 발생한 사건에 대해 이야기를 나눌 때, 아이가 느꼈던 감정에 초점을 맞출 수 있다. 보통 아빠들은 상황을 분석하고 문제를 해결하거나 지적하기를 잘 한다. 하지만 아이의 감정을 먼저 헤아리고 그것을 표현하는 방법을 알려주면 타인을 이해하는 마음을 키워줄 수 있다.

예를 들어, 아이가 친구와 다투었을 때, "왜 싸웠는데? 뭐가 문제인데?"가 아니라 "그 상황에서 네가 어떤 감정을 느꼈는지 이야기해 줄래?"와 같이 물어보며, 아이가 자신의 감정을 자유롭게 표현할 수 있도록 기다려준다. 이와 같은 대화는 아이가 자신의 감정을 이해하고 타인의 감정에 공감하는 능력을 키우는 데 매우 중요하다.

둘째로 '창의적으로 문제 해결하기'다. 일상의 작은 문제 상황에서 아빠는 아이와 함께 창의적인 해결책을 모색할 수 있다. 예를 들어, 가족이 함께 집을 정리하는 날, 아빠는 "이 장난감들을 어떻게 정리하면 더 재미있고 빨리 할 수 있을까?"와 같은 질문을 던질 수 있다. 이를 통해 아이는 문제를 다양한 각도에서 바라보고, 자신만의 독특한 해법을 생각하게 된다. 이런 과정은 아이의 창의적 사고를 발달시키며, 동시에 가족과의 협력을 통해 문제를 해결하는 경험도 쌓을 수 있다.

아빠가 해주세요

아빠가 아이와 함께 할 수 있는 창의력 놀이의 방향성을 크게 세 가지로 제안하고 싶다. 먼저 '생각 통통 튀게 하기'다. 아빠가 아이와 함께 대형 종이나 박스를 활용하여 로켓이나 성을 만든다고 하자. 이 과정에서 아빠는 아이에게 "만약 네가 우주선을 만든다면 어떤 기능을 넣고 싶니?", "성에는 어떤 방이 있으면 좋을까?"와 같은 질문을 던져 아이의 상상력을 자극하는 게 핵심이다. 아이가 자신의 생각을 구체적인 형태로 만들어보는 경험을 통해 창의적 문제 해결 능력을 키울 수 있기 때문이다.

둘째는 '자연 탐험가 되기'다. 아빠는 시간이 날 때마다 아이와 함께 자연 탐험을 할 수 있다. 숲 속 산책, 강가의 돌멩이 구경, 공원에서의 생물 관찰 등 다양한 활동을 통해 아이는 자연에 대한 호기심을 키울 수 있다. 아빠는 아이가 관찰한 것들에 대해 설명해주고, 왜 그런 현상이 발생하는지 함께 탐구해보는 시간을 가질 수도 있다. 특히 아빠가 어렸을 적 이야기를 해주는 게 중요하다. 현재를 기준으로 미래의 것만 상상하는 아이에게 과거의 경험을 더해줌으로써 관찰력과 탐구심을 발달시키는 데 도움을 줄 수 있기 때문이다.

마지막은 '아빠와 함께 뒹굴기'다. 아이들은 신체적 놀이를 통해 세상을 배우고, 자신의 신체 능력을 시험해볼 수 있다. 아빠와 함께하는 뒹굴기, 숨바꼭질, 또는 가벼운 씨름 등의 활동은 아이들의 대근육 사용을 촉진하며, 이는 신체 조정력과 균형 감각 발달에 기여한다. 또한, 아빠와의 물리적 놀이는 아이에게 정서적 안정감을 제공한다. 안전하게 도전하고, 실패해 보며, 다시 시도하는 과정에서 아이는 자신감을 얻고, 탄력성을 키울 수 있다. 이때 아빠의 격려와 지지는 아이가 자기 자신과 자신의 아이디어에 가치를 갖게 한다는 사실을 잊지 말자.

아빠의 활동은 단순히 아이의 일상에 재미를 더하는 것을 넘어서, 아이의 인지적, 정서적 발달에 깊은 영향을 미친다. 아이가 세상을 바라보는 시각이 확장되고, 다양한 감정을 안전하게 표현하고 이해하는 능력이 향상된다. 또한, 아빠와의 긴밀한 상호작용을 통해 아이는 가족 내에서의 소속감과 신뢰감을 느끼게 되며, 이는 아이의 사회성 발달에도 긍정적인 영향을 준다. 이처럼, 아빠의 역할은 단순히 생계를 책임지는 것을 넘어서, 아이의 정서적, 사회적, 인지적 발달을 지원하기도 한다. 따라서 아빠와 엄마 모두 육아에 균형 있게 참여하는 것은 가정의 행복과 아이의 건강한 성장을 위해 매우 중요하다.

5
PART

남을 배려하는
아이로 키우는
엄마의 말투

남을 배려하는 아이로 키우는 엄마의 말투

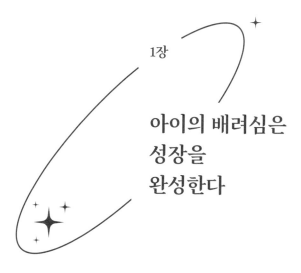

1장

아이의 배려심은
성장을
완성한다

자존감과 창의력을 지닌 아이를 지켜줄 수 있는 것은 배려심이다. 배려심은 단순히 남을 생각하는 마음을 넘어서, 사회적 상호작용에서 필수적인 요소다. 부모로서 가장 기대하고 바라는 것 중 하나는 아이들이 타인을 배려하며 살아가는 인격체로 성장하는 것이다. '남을 배려하는 아이로 키우는 엄마의 말투'라는 주제를 다루는 이번 파트에서는, 아이들의 성장 과정에서 배려심이 어떻게 아이들에게 긍정적인 영향을 끼치는지를 탐구한다. 특히, 아이들의 내면 성장에 필수적인 배려심의 개념을 깊이 있게 다루려고 한다. 엄마의 말투가 이 모든 과정에서 얼마나 중요한 역할을 하는지, 그리고 그 말투가 아이들의 마음과 행동에 어떤 영향을 미치는지를 함께 알아보자.

배려심의 중요성

배려심(配慮心)의 사전적 정의는 남을 도와주거나 보살펴 주려는 마음이다. 배려심은 아이가 사회에 잘 적응하고, 타인과의 갈등을 건강하게 해결할 수 있는 능력을 키워준다. 이는 단지 일상생활에서의 편안함을 넘어서 아이가 전반적인 정서적 안정감과 자신감을 갖게 하는 데 기여한다. 배려심은 타인에 대한 이해와 존중, 공감 능력에서 비롯된다. 부모가 아이에게 배려심을 가르치는 것은 단순히 좋은 사회적 습관을 넘어서, 아이가 타인과의 관계에서 성공적으로 상호작용하며 성장하게 하기 때문이다.

배려심의 발달 과정은 크게 세 가지로 볼 수 있다. 첫 번째는 '이해와 공감'이다. 배려심은 가정에서 부모의 모범을 보며 첫 발을 내딛는다. 부모가 서로를 존중하고 배려하는 모습을 보여주는 것이 아이에게 큰 영향을 미친다. 아이는 이런 상호작용을 관찰하며 자연스럽게 타인을 이해하고 존중하는 태도를 배운다. 부모의 행동을 보며 배려심을 배운 아이는 두 번째 단계인 '실천'에 진입한다.

일상에서의 소소한 배려, 예를 들어 동생에게 장난감을 양보하거나 엄마가 바쁜 시간에 조용히 놀기 등은 아이가 배려심을 실천하며 자신의 행동이 타인에게 미치는 영향을 학습하는 과정이다.

이렇게 배려심을 실천하며 자란 아이는 자기의 배려심을 확장하게 되는데, 이것이 바로 세 번째 단계인 '사회적 적용'이다. 친구들과의 상호작용 속에서 아이는 배려심을 더 넓은 사회적 맥락으로 확장시킬 기회를 갖는다. 타인의 감정을 이해하고 적절히 반응하는 법을 배움으로써, 아이는 갈등 해결 능력을 키우고, 좀 더 포괄적인 사회성이 발달한다. 이를 통해 아이는 원만한 인간관계를 맺게 되고 진정한 의미에서의 사회적 활동을 시작하게 된다.

장기적으로 보았을 때, 배려심은 단순한 사회적 기술 이상의 가치를 갖는다. 배려심이 풍부한 아이는 자신감과 자아 존중감이 높고, 창의력과 같은 다른 중요한 성장 요소들과 상승작용을 하여 복잡한 사회 생활에서도 유연하게 대처할 수 있다. 따라서 부모가 아이에게 배려심을 가르치는 것은 아이의 전인적 성장을 돕는 매우 중요한 일이다. 이는 아이가 성인이 되어 사회적, 전문적인 성공을 하기 위한 중요한 기반이 되기 때문이다.

성장하는 아이를 지켜주는 것은 배려심이다

나는 자존감, 창의력, 배려심으로 이어지는 아이에게 필요한 필수 자양분을 벽난로로 비유하기를 좋아한다. 지금 바로 벽난로를 하나 떠올려 보자. 그리고 이것을 우리 아이라고 생각해 보자. 따뜻한 기운을 내뿜는 불꽃은 자존감이라는 연료로 창의력이 피워낸 것이다. 이 불꽃은 벽돌로 둘러싸여 있기 때문에 더하지도 덜하지도 않은 온기를 내뿜고 있다. 만약 이 불꽃이 야외에 있다면 어떻게 될까? 비바람을 맞으면 쉽게 꺼질 것이다. 그렇다. 배려심은 바로 자존감을 가지고 창의력이 피워낸 아이의 불꽃을 지켜주는 든든한 방패막인 것이다.

아이의 자존감은 아이가 자신을 어떻게 인식하는지에 큰 영향을 미친다. 자존감이 높은 아이는 도전을 두려워하지 않고, 실패를 성장의 기회로 삼을 수 있다. 창의력은 이 자존감을 바탕으로 발휘된다. 아이에게 새롭고 독창적인 생각을 할 수 있는 환경을 제공하면, 창의적 불꽃이 더욱 활활 타오르게 된다. 그러나 안전장치 없는 불꽃은 그 기세가 작으면 쉽게 꺼지고, 크면 다른 사람들에게 피해를 줄 수 있다.

배려심 있는 아이는 자신뿐만 아니라 타인의 감정과 상황을 이해하고 존중하는 법을 안다. 이것이 배려심의 가장 핵심적인 요소다. 이러한 배려심은 아이가 사회적 상호작용을 통해 더욱 성장하게 만든다. 배려심은 또한 아이가 겪게 되는 정서적 충격을 완화시키고, 사회적 유대를 강화하는 데 중요한 역할을 한다. 벽돌 역할을 하는 이 배려심이 아이를 지켜주는 것이다.

배려심은 아이의 성장을 완성한다고 해도 과언이 아니다. 여기에는 몇 가지 중요한 이유가 있다. 배려심 있는 환경에서 자란 아이들은 보다 높은 자신감을 가진다. 부모와 주변 사람들로부터 배려와 사랑을 받음으로써, 아이들은 자신이 소중하고 중요하다고 느낀다. 또한, 타인을 배려하고 이해하는 능력은 친구 관계, 학교생활, 나아가 성인이 되어 직장이나 다양한 사회적 상황에서 긍정적인 상호작용을 가능하게 한다.

이뿐만 아니라 아이가 갈등 상황을 더 건설적으로 해소하는 방법을 배우게 한다. 아이가 타인의 관점을 이해하고 자신의 감정을 적절히 표현하는 방법을 배울 때, 갈등 해결 능력이 향상된다. 이는 평생 동안 유용한 능력이 된다. 이러한 이유로, 아이의 성장을 완성하는 데 있어 배려심은 매우 중요하며, 모든 부모가 자녀에게 배려심을 가르쳐야 하는 이유이기도 하다.

"마음을 자극하는 유일한 사랑의 명약,
그것은 진심에서 나오는 배려다." ―메난드로스(Menandros)

기원전에 활동한 고대 그리스 희극작가 메난드로스의 명언은 우리의 마음속 깊은 곳에 점 하나를 남긴다. 그리고 점점 더 빨라지고 자유분방한 세상 속에서 아이를 어떤 방식으로 어떻게 키워야 하는지에 대해 다시금 생각하게 만든다. 오늘을 사는 우리 아이에게 정말로 필요한 것은 휘황찬란한 물질적 유산이 아니라 비바람 속에서도 춤을 출 수 있는 정신적 유산이 아닐까?

배려심을 벽난로에 비유했던 이야기를 다시 생각해 보자. 배려심을 통해 아이가 성장하는 과정은 단순히 개인의 성숙에 그치지 않는다. 이는 우리 사회 전체의 건강성과 밀접하게 연결되기 때문이다. 아이가 배려심 있는 성인으로 성장하면, 그는 타인에 대한 존중과 이해를 바탕으로 더욱 건강한 관계를 형성하고, 사회 전체의 긍정적 변화를 이끌어낼 수 있는 힘을 갖게 될 것이다. 그런 의미에서 부모의 사랑과 지도 아래 아이들이 배려심을 내면화하면 우리 모두 함께 성장할 수 있는 환경을 만들 수 있다. 다음 장에서 더 자세하게 다룰 이야기들이 그 여정의 지침서가 되길 바라면서, 부모의 노력과 헌신이 아이들의 밝은 미래를 만드는 기초가 되길 바란다.

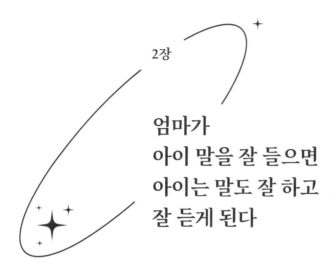

2장

엄마가
아이 말을 잘 들으면
아이는 말도 잘 하고
잘 듣게 된다

엄마가 아이의 말을 잘 들어주면 아이도 그렇게 된다. 잘 말하게 되는 것은 덤이다. 인간관계는 곧 서로의 감정을 컨트롤하는 게 핵심인데, 배려심을 갖춘 아이는 상대방의 감정을 이해하는 것이 쉽기 때문이다. 이는 엄마와의 건강한 관계를 통해 형성되고 아이가 자신의 감정을 표현하고 긍정적으로 활동하도록 도와 준다. 이번 장에서는 엄마의 경청이 얼마나 중요한지 알아보고, 어떻게 우리 아이를 지(知)·정(情)·의(意)가 조화된 전인(全人)으로 키울 수 있을지 알아보자.

경청, 시간을 초월한 배려의 기술

경청(傾聽)은 한자로 기울 경(傾)과 들을 청(聽)을 쓴다. 경(傾)은 '기울인다'라는 뜻이고, 청(聽)은 '귀로 명령을 듣는다'라는 뜻이다. 이는 상대방의 말에 귀 기울이고 그 말을 중요하게 여긴다는 의미를 내포하고 있다. 고대부터 현대에 이르기까지, 경청은 모든 인간관계의 근간을 이루는 덕목으로 여겨져 왔다. 경청은 동서양을 막론하고 통치자, 철학자, 지도자들에게 중요한 덕목이다.

데일 카네기는 "사람의 말을 듣는 것은 그 사람의 마음을 여는 열쇠다."라고 말했으며, 래리 킹은 "경청은 가장 강력한 대화 형태다."라고 말하며 경청의 중요성을 강조했다. 이는 경청이 단순히 정보를 수집하는 것을 넘어, 상대방에 대한 존중과 이해의 첫걸음이 됨을 의미한다. 여기서 한 가지 놓치지 말아야 할 것은 경청이 '듣는 행위'에 국한되는 것이 아니라는 점이다. 경청의 바른 의미는 청각만으로 상대에게 집중하는 게 아니라 오감으로 받아들여야 한다는 것이다.

경청은 이렇게 중요한 덕목이지만 현대 사회에서 참으로 실천하기 어려운 덕목이 되었다. 현대 사회에서 경청이 어려운 이유는 다양하나 몇 가지를 살펴보면 다음과 같다. 스마트폰, 컴퓨터, 태블릿 같은 디지털 기기 사용이 일상화되면서 집중력이 분산되기 쉬운 환경이 되었기 때문이다. 온라인상에서 제공하는 수많은 정보의 흐름은 사람들이 대화에 집중하기 어렵게 하고 여러 활동을 동시에 수행하게 한다. 또한 학교나 직장 등의 경쟁적 환경은 자신의 의견을 빠르고 효과적으로 전달하는 것을 장려한다. 이는 타인의 의견을 듣고 이해하는 것보다 자신의 의견을 표현하는 것에 더 많은 가치를 두게 만든다.

이런 상황에서 경청의 중요성은 더욱 커진다. 특히 다문화 사회와 글로벌 비즈니스 환경에서는 다양한 배경과 가치를 가진 사람들과의 효과적인 소통이 필요한데, 이러한 소통의 시작은 바로 경청에서 출발한다. 이것을 바꿔 말하면, 아이가 경청의 자세를 갖는 것만으로도 현대 사회에서 큰 경쟁력을 갖는다는 뜻이다. 이를 위해서는 엄마의 말투가 무엇보다 중요하며, 엄마의 한마디 한마디를 통해 아이를 변화시킬 수 있다.

경청은 오랜 시간이 흘러도 변하지 않는 중요한 소통 기술이다. 우리 아이가 경청의 자세를 갖게 되면, 잘 듣고 제대로 말할 수 있는 생산적이고 원만한 인간관계를 유지할 수 있다. 상대방의 말에 귀를 기울이는 것은 단순히 말을 듣는 행위 이상의 의미를 지니며, 이는 궁극적으로 사회 전체의 이해와 협력을 증진시키는 길이다. 배려심을 기반으로 한 경청을 통해 아이는 더 나은 소통자가 될 수 있으며, 그 결과 더욱 풍부하고 의미 있는 관계를 만들어갈 수 있다.

아이의 말을 경청하는 방법

엄마의 말투와 경청의 자세가 아이의 정서적, 사회적 발달에 얼마나 큰 영향을 미치는지 잘 이해했을 것이다. 배려심은 아이가 사회적 상호작용을 배우고 자신의 감정을 표현하는 방법을 학습하는 기본 틀을 제공한다. 엄마가 따뜻하고 이해심 있는 말투로 아이에게 말하면 아이는 자신이 사랑받고 있으며 중요한 존재라고 느낀다. 이러한 정서적 안정감은 아이의 자존감과 창의성, 궁극적으로 배려심을 높여준다.

엄마가 경청하는 모습을 보이면 아이도 경청하게 된다. 엄마가 나의 말을 경청해주는 경험을 통해, 자신도 타인의 말을 주의 깊게 들어야 한다는 자세를 자연스럽게 습득하기 때문이다. 엄마가 아이의 말에 귀를 기울이고, 그 감정을 존중하는 태도를 보이면 아이는 자신의 감정을 건강하게 표현하는 법을 배운다. 이는 갈등 해결 능력과 같은 중요한 인생 기술을 습득하고 활용하는 데 영향을 미친다.

엄마들이 경청의 중요성을 알고 있지만 이를 어떻게 가르쳐야 할지 막막함을 느끼는 경우가 있다. 경청은 단순히 상대방의 이야기를 잘 듣는 게 아니라 완전히 몰입하는 것이다. 상대방의 이야기를 온몸으로 받아들이는 것, 그것이 바로 경청이다. 이런 정의를 기초로 가정에서 어떠한 방식으로 아이에게 경청의 힘을 전달할 수 있는지 사례를 중심으로 살펴보자.

상황 1: 아이가 학교에서 겪은 일을 이야기할 때

아이가 이야기를 할 때 아이와 눈을 맞추는 게 가장 중요하다. 아이가 엄마와 이야기할 때 엄마가 스마트폰이나 다른 일에 집중한다면 아이는 존중받지 못한다고 느낄 것이다. 눈을 맞춘 뒤, 아이의 말을 끝까지 들으면서 "그래서 그 일을 통해 무엇을 느꼈어?" 또는 "그럴 때는 어떻게 하면 더 좋을까?"와 같은 열린 질문으로 대화를 계속 유도하는 것이 좋다.

상황 2: 아이가 화를 낼 때

엄마는 아이도 인간으로서 감정을 표현할 수 있는 주체라는 것을 인정해야 한다. 엄마는 아이의 화를 다그치거나 무시하지 않고, "이렇게까지 화가 난 걸 보니 정말 힘들었겠다."와 같이 아이의 감정을 인정하는 말을 해주면 좋다. 그리고 아이가 진정될 때까지 옆에 있어 주며, 그 감정을 온전히 표현하고 식힐 수 있게 하는 것이 좋다.

상황 3: 아이가 자신의 성취에 대해 이야기할 때

아이의 성취를 축하하며 구체적인 칭찬을 하는 게 중요하다. 엄마들이 흔히 저지르는 실수 중 하나는 과정을 뺀 채 결과만 칭찬한다는 점이다. "네가 문제를 어떻게 해결했는지 들려줘. 정말 대단한 것 같아!"와 같이 말하며 아이의 노력과 성공을 모두 인정하면 좋다.

상황 4: 아이가 잘못을 인정할 때

아이가 실수를 인정하고 사과할 때, 엄마는 비난 대신 지지해야 한다. 계속 다그치면 아이의 내적 성장을 어렵게 한다. "네가 잘못을 인정하고 사과하는 걸 보니 정말 성숙해진 것 같아. 우리 같이 어떻게 나아질 수 있을지 생각해 보자."와 같이 격려하는 말로 대응하는 것이 좋다.

엄마가 아이의 이야기에 귀 기울이고, 감정을 인정하며 대화를 유도하는 경청의 자세는 아이가 자신의 감정을 건강하게 표현하게 한다. 특히 사회적 상호작용에서 존중과 이해를 바탕으로 행동하게 함으로써, 잘 듣고 올바르게 말할 수 있는 인재로 성장하게 한다. 이는 단순히 인간적으로 좋은 행동을 넘어 사회적 성공과 조화로운 관계를 이루는 기반이 되며, 이를 통해 우리 아이도 좋은 품성을 지닌 인재로 성장하고 주목받을 수 있다. 아이 말을 엄마가 경청하면 아이가 성장하여 건강한 사회적 관계를 형성한다는 사실을 잊지 말자.

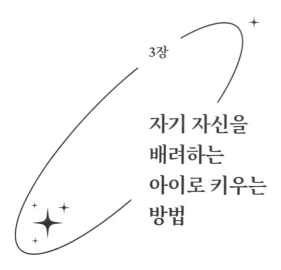

3장

자기 자신을
배려하는
아이로 키우는
방법

　　아이가 남을 배려하다 보면 자신의 감정을
놓치는 경우가 있다. 배려라는 그럴듯한 이유 때문에 아이 자신의
감정이 무시당하기도 한다는 말이다. 이렇게 되면 아이는 거짓된 배
려를 하게 되고, 결국 자신의 감정을 숨기고 억압하게 된다. 이러한
상황은 아이의 정서적 발달에 부정적인 영향을 미치며, 장기적으로
는 타인을 진정으로 배려하는 능력에도 한계를 가져올 수 있다.

　　남을 배려하는 만큼 자신을 돌보는 것이 중요하다. 아이도 자
기 자신을 배려할 줄 알고, 자신의 감정을 이해하고 적절히 표현할
수 있어야 한다. 스스로를 배려할 수 있는 능력을 갖춘 아이만이 타

인을 진정으로 배려할 수 있다는 것이다. 따라서 아이가 자기 자신의 감정을 이해하고, 타인의 감정을 헤아리며, 올바르게 감정을 표현하는 방법을 배우는 것은 매우 중요하다. 이 장에서는 아이가 자기 자신을 배려하는 법을 배우는 과정에서 부모가 어떻게 도와줄 수 있는지에 대해 살펴보고자 한다.

아이가 자기 감정을 이해하고 바라본다는 것

아이들은 자신의 감정을 충분히 파악하지 못하는 경우가 많다. 보통 부모나 선생님들이 "그렇게 하면 안 돼."라는 식으로 단편적인 지시만 하기 때문에, 아이들은 자신의 감정을 제대로 인지하지 못하고 억압하게 된다. 이러한 상황에서 아이들은 두 가지 중 하나를 선택하게 된다. 하나는 자기 감정을 억누르는 것이고, 다른 하나는 자기 감정을 통제하지 못 하고 마구 뿜어내는 것이다. 그러나 이두 가지 선택 모두 결과적으로 좋지 않은 결과를 가져온다. 감정을 억누르거나 과도하게 표출하는 행동은 삶의 여러 면에서 부정적인 영향을 미치기 때문이다.

따라서 부모는 아이가 자기 감정을 충분히 수용하고 발산한후, 자기 반성과 노력을 통해 성장할 수 있도록 도와야 한다. 예를 들어, 아이가 "내가 지금 기분이 안 좋구나."라고 알아차리거나, "내 기분은 내가 정하는 거야.", "친구한테 진 게 분해." 등 자신의 솔직한 감정을 마주할 수 있도록 돕는 것이 중요하다. 이는 아이가 자신의 감정을 인식하고 그것을 적절히 표현하는 데 필요한 첫 걸음이 된다.

아이들이 자기 감정을 바르게 이해하고 건강하게 바라보는 과정은 여러 단계로 이루어진다.

첫째, 이러한 감정을 안전하게 표현할 수 있는 환경을 조성해야 한다. 부모는 아이가 감정을 표현할 때 비판하거나 조언하기보다는 경청하고 공감해 주는 태도를 보여야 한다. 이는 아이가 자신의 감정을 있는 그대로 받아들이고 표현하는 것을 용이하게 만든다.

둘째, 감정을 표현한 후에는 그 감정이 왜 발생했는지를 이해하는 과정을 함께 해야 한다. 예를 들어, "왜 친구한테 진 것이 그렇게 분했을까?"라는 질문을 통해 아이가 상황을 객관적으로 바라보고 자신의 감정을 분석할 수 있도록 도와주는 것이다. 이를 통해 아이는 감정의 원인을 파악하고, 비슷한 상황에서 감정을 어떻게 조절할 수 있을지에 대해 고민하게 된다.

마지막으로, 아이가 자신의 감정을 충분히 이해한 후에는 부모가 사회적인 가치를 가르치는 것이 중요하다. 이 단계에서 아이는 자신의 내부 세계와 외부 세계 사이의 균형을 찾는 법을 배운다. 예를 들어, 아이가 바라던 일이 잘 안 되었을 때, "오늘의 이 마음을 가지고 앞으로 더욱 열심히 해보자."라는 식으로 성장을 유도하는 것이다. 결국, 아이가 자기 감정을 이해하고 바라보는 과정은 단순히 감정을 표현하는 데 그치지 않는다. 이는 아이가 자기 자신을 배려하고, 나아가 타인을 배려할 수 있는 준비를 갖추는 중요한 단계이다. 이러한 과정을 통해 아이는 감정적으로 건강한 성인으로 성장할 수 있다.

아이가 상대방의 감정을 이해하고 바라본다는 것

아이들이 자신의 감정을 이해하고 적절히 표현하는 법을 배운 후, 중요한 다음 단계는 타인의 감정을 이해하고 공감하는 능력을 키우는 것이다. 이는 아이가 사회적 관계를 맺고 유지하는 데 필수적인 능력으로, 아이가 타인을 배려하는 사람이 되기 위해 꼭 필요한 과정이다. 타인의 감정을 이해하는 능력은 아이의 정서적 지능을 높여주며, 사회적 성공과도 밀접한 관련이 있다.

부모는 아이가 타인의 감정에 공감할 수 있도록 격려해야 한다. 공감은 단순히 타인의 감정을 이해하는 것을 넘어, 그 감정을 함께 느끼고 이해하려는 마음가짐을 포함한다. 부모는 아이에게 "그럴 수 있지."라는 표현을 사용하며, 타인의 감정을 존중하고 이해하는 자세를 보여줄 수 있다. 이러한 태도는 아이가 타인의 감정을 인정하고 받아들이는 데 큰 도움이 된다.

아이들이 타인의 감정을 이해하고 공감하는 능력을 기르기 위해서는 일상생활에서 다양한 상황을 경험하게 하는 것이 중요하다. 아이가 친구와 다투었을 때 부모는 아이에게 "친구가 왜 그렇게 행동했을까?"라는 질문을 던지며 상황을 돌아보게 할 수 있다. 이를 통해 아이는 상대방의 입장에서 생각해보고, 그들의 감정을 이해하려는 노력을 하게 된다.

더 나아가, 부모는 아이가 타인의 감정을 이해하고 공감할 수 있는 구체적인 방법을 가르칠 수 있다. 아이가 친구가 슬퍼하는 모습을 보고 "좋은 일이 있으려나 보다."라고 긍정적인 마음을 가지도록 도와주는 것이다. "저 사람이 기분이 안 좋은가 보다."라고 말하며 타인의 감정을 인정하고 이해하는 법도 가르칠 수 있다. 이러한 과정을 통해 아이는 타인의 감정을 이해하고 공감하는 능력을 키워나갈 수 있다.

아이가 타인의 감정을 이해하고 공감하는 능력을 키우는 것은 아이가 사회적으로 성공하고 행복한 삶을 살아가는 데 중요한 역할을 한다. 부모는 아이가 타인의 감정을 이해하고 공감하는 법을 배울 수 있도록 일상생활에서 지속적으로 지원하고 격려해야 한다. 이를 통해 아이는 정서적으로 성숙하고 배려심 있는 사람으로 성장할 수 있다.

아이의 올바른 감정 표현을 위한 2가지 원칙

아이들이 자신의 감정을 이해하고 타인의 감정을 공감하는 능력을 키웠다면, 다음 단계는 그 감정을 올바르게 표현하는 법을 배우는 것이다. 감정을 올바르게 표현하는 능력은 아이의 정서적 건강을 지키고, 사회적 관계를 긍정적으로 유지하는 데 필수적이다. 이를 위해 부모는 아이가 자신의 솔직한 감정을 표현하도록 이끌어주고, 나아가 상대의 감정을 이해하며 다음에는 성공하겠다는 다짐을 하도록 지도해야 한다.

아이들이 마음속의 솔직한 감정을 표현하도록 이끄는 첫 번째 단계는 안전하고 개방적인 대화 환경을 조성하는 것이다. 아이는 자신이 느끼는 감정을 있는 그대로 표현할 수 있는 자유를 느껴야 한다. 이를 위해 부모는 아이의 말을 끊지 않고 끝까지 들어주며, 아이의 감정을 판단하거나 비판하지 말아야 한다. 예를 들어, 아이가 "오늘 학교에서 친구랑 싸워서 너무 화가 났어."라고 말할 때,

부모는 "왜 싸웠어?" 대신 "그래, 그런 일이 있었구나. 네가 화가 많이 났겠구나."라고 공감하며 반응하는 것이 중요하다. 부모의 모습을 통해 아이는 감정을 표현하는 것이 자연스럽고 필요한 일임을 배우게 된다.

아이들이 자신의 감정을 솔직하게 표현하는 법을 배운 후에는, 그 감정을 바탕으로 긍정적인 변화를 이루도록 격려하는 것이 필요하다. 이 과정에서 중요한 것은 아이가 자신의 감정뿐만 아니라 상대방의 감정도 이해하고 고려하는 능력을 기르는 것이다. 예를 들어, 아이가 "친구가 나에게 소리를 질러서 속상했어."라고 말할 때, 부모는 "그럴 수 있지, 네가 많이 속상했겠구나. 그런데 친구도 오늘 무언가 속상한 게 있었나봐."라고 말함으로써 아이가 상황을 더 넓게 바라보고 상대방의 감정을 이해할 수 있도록 도와야 한다는 것이다.

이 두 가지 원칙의 핵심은, 아이가 자신의 감정을 표현한 후에 그 경험을 통해 무엇을 배울 수 있는지 생각해보도록 유도해야 한다는 것이다. 이러한 유도 과정은 아이가 자신의 감정을 더 잘 이해하고 조절할 수 있게 하며, 긍정적인 변화와 성장을 가져올 수 있게 한다.

많은 이야기들을 했지만, 앞에서 "남을 배려하는 만큼 자신을 돌보는 것도 중요하다."라고 말했던 것처럼, 우선순위는 내 아이라는 점을 잊지 말자. 자기 감정을 이해하고 조절할 수 있을 때 타인에 대한 관용의 자세를 가질 수 있다. 나를 사랑하지 못하면 다른 사람을 사랑할 수 없는 것처럼 말이다. 부모로서 아이가 방향을 잃은 채 성장하는 것보다는 느리지만 바르게 성장하도록 돕는 게 더 낫다고 생각한다. 그러므로 부모가 방향을 잘 잡아줘야 한다.

아이를 키우는 여정은 결코 쉽지 않다. 그러나 부모의 따뜻한 지지와 코칭이 있다면, 아이는 자신의 감정을 잘 이해하고 표현하며, 타인의 감정을 공감하고 배려하는 건강한 사람으로 성장할 수 있다. 앞에서 제안한 방법들을 실천하면서, 항상 아이의 마음을 이해하고, 아이의 성장을 응원하며, 아이와 함께하는 여정에서 힘과 용기를 잃지 않기를 바란다.

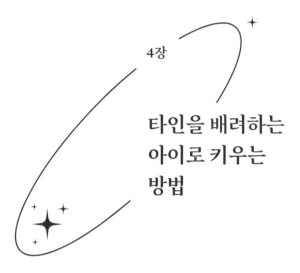

4장

타인을 배려하는
아이로 키우는
방법

평소 과학에 관심이 많던 지수는 학교에서 배울 현미경 관찰을 매우 기대하고 있었다. 과학 시간이 있던 날, 각자 자신이 원하는 물체를 현미경으로 관찰할 수 있는 시간이 주어졌다. 지수는 먼저 현미경을 차지하고 관찰을 시작했다. 친구들은 모두 순서를 기다리며 지수의 관찰이 끝나기를 기다렸다. 지수는 현미경으로 다양한 물체를 관찰하며 매우 즐거워했다. 하지만 그의 호기심은 끝이 없었고, 시간 가는 줄도 몰랐다. 시간이 지나도 지수는 현미경을 다른 친구들에게 넘겨주지 않았다. 친구들은 점점 불만이 쌓였고, 결국 지수에게 다가가 말했다.

"지수야, 너만 현미경을 계속 쓰면 우리가 관찰할 시간이 없어. 우리도 보고 싶어."

그제서야 지수는 자신의 행동이 친구들에게 어떤 영향을 미쳤는지 깨달았다. 그리고 친구들의 표정이 시무룩해진 것을 보며 미안함을 느꼈다. 지수는 곧바로 친구들에게 사과하고, 현미경을 다른 친구들에게 넘겨주었다. 친구들도 고마워하며 각자 자신이 준비한 물체를 관찰할 수 있게 되었다. 다행히 친구들도 즐겁게 자신만의 관찰을 할 수 있었고, 과학 시간은 모두에게 흥미로운 경험이 되었다. 지수는 자신이 먼저 독점했던 현미경을 친구들과 함께 나누면서, 그들과 기쁨을 함께 나눌 수 있음을 알게 되었다. 이 경험은 지수에게 깊은 깨달음을 주었다.

이 이야기는 왜 아이가 배려심을 배우고 실천해야 하는지를 잘 보여준다. 이번 장에서는 감사의 인사를 통해 존중과 고마움을 표현하는 방법, 사과를 통해 관계를 회복하는 방법, 그리고 먼저 연락하는 습관을 통해 지속적인 관계를 유지하는 방법을 중심으로, 어떻게 하면 우리 아이를 배려심 있는 아이로 키울 수 있는지에 대해 알아보자.

감사의 인사

타인을 배려하는 방법 중 하나는 감사의 인사를 통해 상대방에게 존중과 고마움을 표현하는 것이다. 감사의 인사는 단순히 예의 바른 행동이 아니라, 타인과의 관계를 긍정적으로 연결하고 유지하는 중요한 방법이다. 어릴 때부터 감사 인사를 표현하는 법을 알고 자주 실천하면 아이는 성장과정에서 많은 도움을 받을 수 있다.

아이들이 감사의 인사를 잘하기 위해서는 먼저 구체적으로 감사함을 생각하고 느끼는 훈련이 필요하다. 이는 막연한 감사의 표현보다는, 실제 상황에서 구체적인 감사의 이유를 찾아내는 것이 중요하다는 뜻이다. "엄마가 저를 돌봐줘서 감사해요." 대신 "엄마가 오늘 저녁에 제 숙제를 도와줘서 정말 감사해요."라고 말하는 식이다.

아이가 감사하는 마음을 지니도록 하기 위해 부모는 아이에게 감사 일기 쓰기를 제안할 수 있다. 매일 저녁, 아이가 하루 동안 느낀 감사한 일들을 적어보게 하는 것이다. 이 과정에서 부모는 아이가 구체적으로 어떤 점에서 감사함을 느꼈는지 자세히 생각해보도록 도와줄 수 있다. 이러한 감사 활동은 아이가 일상생활 속에서 감사함을 느끼고 표현하는 능력을 키우는 데 큰 도움이 된다.

아이들이 감사함을 구체적으로 생각하고 느끼는 것도 중요하지만, 이를 타인에게 제대로 표현하는 것도 그만큼 중요하다. 감사의 표현은 감사의 대상인 상대방이 소중히 여겨지고 있음을 느끼게 하고, 상대방과 관계를 더욱 돈독하게 만든다. 아이가 감사함을 제대로 표현할 수 있도록 부모는 다양한 방법을 제시할 수 있다.

계속 강조하지만 부모가 아이에게 직접 감사의 인사를 하는 모습을 보여주어야 한다. "당신이 오늘 저녁 식사를 준비해줘서 정말 고마워."라는 식으로 부모가 아이 앞에 감사의 인사를 하는 것이다. 이를 통해 아이는 감사의 인사가 자연스러운 일상생활의 일부임을 배우게 된다. 또한, 일기 쓰기의 연장선으로 아이에게 감사의 편지를 쓰게 하는 것도 좋은 방법이다. 아이가 친구에게 감사의 마음을 전하고 싶다면, "친구야, 오늘 나와 함께 놀아줘서 정말 고마워. 너와 함께 있어서 정말 즐거웠어."라는 식으로 편지를 쓰게 하는 것이다. 이러한 과정을 통해 아이는 감사함을 구체적으로 표현하는 법을 배우게 된다.

더불어, 아이가 감사의 인사를 말로 표현하는 연습을 하도록 도와줄 수 있다. 아이가 할아버지나 할머니에게 감사의 인사를 전하고 싶다면, "할머니, 제가 좋아하는 간식을 만들어주셔서 정말 감사해요."라고 말하게 하는 것이다. 이러한 연습은 아이가 실제 상황에서 자연스럽게 감사의 인사를 표현하는 데 도움이 된다. 감사의 인사를 통해 타인을 배려하는 방법은 아이가 어릴 때부터 배워야 할 중요한 덕목이다. 아이가 감사함을 구체적으로 생각하고 느낄 수 있도록 해주면, 타인을 배려하는 마음이 빛이 나 어디에서나 사랑받는 사람이 될 수 있을 것이다.

사과의 표현

타인을 배려하는 다른 중요한 방법은 사과의 표현이다. 사과는 잘못을 인정하는 것 이상의 의미를 가지고 있다. 이는 상대방의 감정을 이해하고 존중하는 마음을 담고 있으며, 관계를 회복하고 더욱 단단하게 만드는 중요한 과정이다. 아이가 사과하는 법을 배우는 것은 타인을 배려하는 마음을 키우는 데 큰 도움이 된다.

사과의 첫 단계는 발생한 현상의 과정을 돌아보며, 상대방의 입장에서 생각해보는 것이다. 이는 자신의 잘못이나 실수가 무엇인지, 그리고 상대방이 이를 어떻게 받아들였는지 깊이 고민하는 과정을 포함한다. 부모는 아이가 이러한 과정을 자연스럽게 배울 수 있도록 도와줘야 한다.

예를 들어, 아이가 친구와 다투었을 때, "네가 왜 그렇게 행동했을까? 친구는 그 상황에서 어떻게 느꼈을까?"라는 질문을 통해 아이가 자신의 행동을 객관적으로 돌아보게 할 수 있다. 이러한 질문을 통해 아이는 자신의 잘못이나 상대가 오해할 수 있는 부분을 인식하게 된다.

이 과정에서 중요한 것은 아이가 자신의 감정을 솔직하게 표현하도록 돕는 것이다. "네가 화가 난 이유는 무엇이었니?"라는 질문을 통해 아이가 자신의 감정을 이해하고 표현하게 하는 것이다. 이를 통해 아이는 자신의 감정을 제대로 이해하고, 상대방의 감정도 존중할 수 있는 능력을 기르게 된다.

사과의 또 다른 중요한 요소는 상대에게 먼저 사과할 수 있는 마음의 여유를 갖는 것이다. 부모는 아이에게 사과의 중요성을 강조하며, 사과하는 것이 약점이 아니라 아무나 할 수 없는 강점임을 알려줘야 한다. 특히 아이에게 사과하는 법을 가르칠 때, 부모가 실수했을 때 솔직하게 사과하는 모습을 보여주는 것은 아이에게 큰 영향을 미친다. "엄마가 아까 너에게 화를 내서 미안해. 너의 말을 잘 들어봐야 했는데 그렇지 못했어."라는 식으로 부모가 자신의 잘못을 인정하고 사과하는 모습을 보이는 것이다. 이러한 행동은 아이에게 사과의 중요성과 방법을 자연스럽게 가르치는 효과가 있다.

무엇보다 부모는 아이가 사과를 실천할 수 있도록 기회를 제공해야 한다. 아이가 친구나 가족에게 잘못한 일이 있을 때, "친구에게 어떻게 사과할 수 있을까?"라고 물어보며 아이가 직접 사과하는 연습을 하게 하는 것이다. 이 과정에서 부모는 아이가 사과의 의미를 이해하고, 진심을 담아 표현할 수 있도록 도와줘야 한다. 사과는 타인을 배려하는 중요한 방법 중 하나이다. 아이가 사과의 중요성과 방법을 배울 수 있도록 도우며, 내적으로도 단단한 삶이 될 수 있도록 지원하자.

먼저 연락하기

사회생활을 하고 있는 부모들은 모두 알고 있을 것이다. 먼저 연락하는 것이 타인과의 관계를 지속적으로 유지하고 발전시키는 중요한 방법이라는 사실을 말이다. 사회생활을 하다 보면 자연스럽게 연락이 뜸해지는 경우가 있다. 그런 경우 다시 만나면 언제 그랬냐는 듯이 친하게 지낼 수도 있지만, 관계가 단절되는 경우도 많다. 아이에게 인간관계의 중요성을 알려주기 위해, 먼저 연락하는 습관을 기르는 것은 매우 중요하다. 이를 통해 아이는 스스로 인간관계를 설정하고, 타인을 배려하며, 기쁨을 얻는 과정을 자연스럽게 체득하게 된다.

연락이 뜸했던 친구에게 먼저 연락하는 것은 관계를 유지하고 발전시키는 중요한 방법이다. 이는 단순히 안부를 묻는 행위가 아니라, 상대방에 대한 관심과 배려를 표현하는 것이다. 부모가 자녀와 함께 할머니, 할아버지에게 연락하는 것도 매우 중요한 교육이다. 이런 작은 행동들이 쌓여 아이에게도 먼저 연락하는 습관을 심어줄 수 있다.

웃어른이나 선생님께 먼저 인사하는 것은 아이에게 예의와 배려심을 가르치는 좋은 방법이다. 이는 상대방에 대한 존중을 표현하는 기본적인 예절이면서도, 관계를 더욱 돈독하게 만드는 중요한 행동이다. 앞에서 강조했듯이 부모는 아이가 어른들에게 인사하는 모습을 자주 보여주고, 아이가 먼저 인사할 수 있도록 가르쳐야 한다.

앞의 사례에서 본 것처럼, 타인을 배려하는 것은 살아가는 데 반드시 갖춰야 할 능력이다. 우리는 수많은 사람과 관계를 맺으며 살아가고, 이러한 관계는 서로를 얼마나 배려하고 이해하는지에 따라 달라진다. 배려심을 기르는 과정은 아이들이 타인의 입장을 이해하고 공감하며, 자신의 행동이 타인에게 미치는 영향을 인식하게 해준다. 이러한 능력은 성인이 되어서도 원만한 대인관계를 유지하는 데 큰 도움이 된다.

감사의 인사, 사과의 표현, 먼저 연락하기를 아이들에게 가르치는 과정에서 부모는 중요한 역할을 한다. 부모의 지지와 모범을 통해 아이들은 타인을 배려하는 방법을 자연스럽게 배우게 되기 때문이다. 그렇다고 너무 부담을 갖지 말자. 앞에서 말한 모든 과정이 완벽하지 않아도 괜찮다. 양육에서 중요한 것은 아이와 함께하는 반복된 행동과 실천이기 때문이다. 작은 실천들이 쌓여 아이의 배려심을 키우고, 이는 나아가 아이의 미래를 밝게 만들 것이다. 항상 아이들의 성장을 지지하고 응원하는 모든 부모들이 용기를 잃지 않았으면 좋겠다.

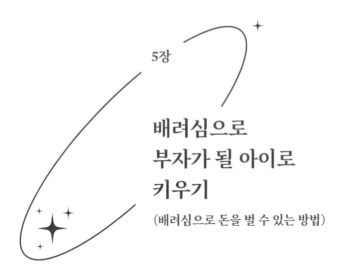

5장

배려심으로
부자가 될 아이로
키우기

(배려심으로 돈을 벌 수 있는 방법)

부모들은 자녀가 물질적으로 풍요롭고 성공적인 삶을 살기를 바란다. 그러나 부모들의 이러한 바람은 배려심에서 시작된다는 사실을 잊어서는 안 된다. 코로나 팬데믹이 발발한 후 유례없는 자기계발 붐이 일었다. 많은 사람이 자기 성장과 재테크에 관심을 가지게 되었고, 돈, 부동산, 주식과 같은 재테크 관련 도서들이 큰 인기를 끌었다. 어디 이뿐인가? 돈에 대해 터부로 여겨 왔던 불문율이 유튜브, 방송을 통해 깨지면서 돈과 관련된 콘텐츠가 우후죽순 쏟아졌다. 이들 도서와 콘텐츠들은 실질적인 재테크 방법도 제공하지만, 그 핵심 메시지를 살펴보면 결국 인간관계가 중요하다는 사실을 쉽게 알 수 있다. 인간관계가 좋아야 부자가 될 확률도 높아진다는 의미다.

사람은 사회적 존재이기 때문에 타인과의 관계가 중요하다. 아무리 뛰어난 능력을 가지고 있더라도, 타인과의 관계가 원만하지 않으면 그 능력을 제대로 발휘할 수 없다. 따라서 자녀가 물질적으로 풍요롭고 성공적인 삶을 살기 위해서는 배려심을 기르는 것이 중요하다. 배려심은 아이의 삶을 풍요롭게 만드는 중요한 요소다. 이러한 이유로 부모가 자녀에게 배려심을 가르치는 것은 부모의 중요한 책임이다. 배려심이 있는 아이는 더 나은 인간관계를 맺고, 이를 통해 더 많은 기회를 얻으며, 성공적인 삶을 살 수 있기 때문이다.

이번 장에서는 따뜻한 배려심이 아이들의 미래를 어떻게 바꿀 수 있는지, 그리고 그 배려심이 어떻게 부와 성공을 가져다줄 수 있는지 살펴본다.

세상의 사업 아이템은 배려심에서 시작되었다
(사업의 아이템)

현대 사회에서 성공한 많은 사업들은 단순히 이윤을 추구하는 것을 넘어, 타인에 대한 배려심에서 출발했다. 사람들의 일상 속 고민과 불편함을 해결하고자 하는 마음에서 탄생한 아이디어들이 큰 성과를 거두는 경우가 많았다는 것이다. 이러한 사업 아이템들은 고객의 필요와 욕구를 깊이 이해하고, 이를 만족시키는 방향으로 나아가기 때문에 지속 가능한 성장을 이룰 수 있다. 배려심은 사업의 성공을 이끄는 중요한 요소이며, 이는 다양한 사례들을 통해 확인할 수 있다.

타인의 고민과 불편함을 해결하는 것은 강력한 사업 아이템이 된다. 우리에게 잘 알려진 당근마켓과 마켓컬리는 이러한 접근 방식의 대표적인 예이다. 당근마켓은 지역 기반 중고 거래 플랫폼으로, 사용자가 가까운 이웃과 안전하고 편리하게 거래할 수 있는 환경을 제공한다. 이는 중고 거래에서 발생할 수 있는 불편함과 위험을 최소화하고, 지역 사회 내에서의 연결을 강화하는 효과를 가져왔다. 지금은 당근마켓에서 당근으로 이름을 바꿔 중고 거래 플랫폼을 넘어 새로운 커뮤니티로 거듭났다.

마켓컬리 역시 고객의 편의를 최우선으로 생각한 배려심에서 출발한 사업이다. 신선한 식품을 집 앞까지 빠르고 안전하게 배송하는 서비스를 통해 바쁜 현대인들의 생활 속에서 식품 구매의 불편함을 해결했다. 특히, 샛별 배송 서비스는 소비자들의 아침 식사를 위해 주문 마감 시간을 연장하고도 포장과 배송을 완료할 수 있는 시스템을 구축하여 큰 인기를 끌었다. 이처럼 타인의 고민을 해결하고자 하는 배려심이 사업의 아이템으로 발전하여 큰 성공을 거두는 사례는 무수히 많다.

자신이 직접 겪은 불편함을 해결하는 것 또한 훌륭한 사업 아이템이 된다. 개인적인 경험에서 출발한 아이디어는 더 현실적이고, 같은 문제를 겪고 있는 다른 사람들에게도 큰 도움이 될 수 있다. 예를 들어, 출퇴근길의 교통 혼잡을 해결하기 위해 시작된 카풀 서비스나, 육아의 어려움을 해결하기 위한 다양한 육아용품들은 모두 창업자의 개인적인 경험에서 비롯되었다.

카카오톡의 창업자인 김범수는 한국에서 문자메시지 비용이 부담스러웠던 시절, 무료로 메시지를 주고받을 수 있는 방법을 고민하다가 카카오톡을 개발하게 되었다. 이 서비스는 사용자들이 무료로 실시간 메시지를 주고받을 수 있게 함으로써 큰 인기를 얻었는데, 관련 업계의 반발로 정부 규제가 시작되자 국민들이 들고 일어섰다. 공격받는 기업을 이용자가 방어해 준 것이다. 그런 카카오는 현재 우리 삶에서 다양한 부가 서비스를 도맡으며 최고의 플랫폼으로 성장했다.

이처럼 개인이 겪은 불편함은 남들에게도 동일하게 발생할 수 있으며, 이를 해결하는 아이디어는 자연스럽게 사업의 기회로 이어진다. 이러한 접근 방식은 타인에 대한 배려심을 바탕으로 하여, 더 많은 사람들에게 실질적인 도움을 줄 수 있는 방안을 모색하게 한다.

세상의 많은 성공적인 사업 아이템들은 타인에 대한 배려심에서 시작되었다. 타인의 고민과 불편함을 해결하는 아이디어는 강력한 사업 아이템으로 발전할 수 있으며, 이는 당근마켓이나 마켓컬리 같은 사례를 통해 확인할 수 있다. 배려심이 단순히 도덕적 가치에 머무르지 않고, 실제로 사업의 성공과 지속 가능성을 이끄는 중요한 요소임을 알 수 있다.

영업과 승진을 위한 핵심 가치

성공적인 영업과 승진은 단순히 실적에만 의존하지 않는다. 그 뒤에는 사람들과의 관계, 신뢰, 그리고 배려가 있다. 사람들은 자신을 이해하고 존중하는 사람에게 끌리며, 이는 곧 성과로 이어진다.

영업은 단순히 제품을 판매하는 것이 아니라, 고객의 필요와 문제를 해결해주는 것이다. 각 동네에서 유명한 자동차 판매왕의 사례를 보자. 그들은 단순히 자동차를 팔지 않는다. 고객의 라이프스타일, 예산, 취향을 고려하여 가장 적합한 차량을 추천한다. 고객이 원하는 것이 무엇인지 깊이 이해하고, 그들이 필요로 하는 솔루션을 제공하는 것이다.

또한, 영업왕들은 항상 고객의 입장에서 생각한다. 제품의 장단점을 솔직하게 이야기하고, 고객이 가장 만족할 수 있는 선택을 할 수 있도록 돕는다. 이러한 배려는 고객의 신뢰를 얻게 하고, 재구매와 추천으로 이어진다. 단기적인 성과에 집착하지 않고, 장기적인 좋은 관계를 형성하는 데 집중하는 것이 중요하다.

물론 배려심이 영업에만 국한된다는 것은 아니다. 직장 내 승진에서도 배려심은 중요한 역할을 한다. 빠르게 앞서나가려는 것보다는, 좀 늦더라도 남을 배려하는 자세로 일하면 결국 더 빠르게 앞서 나갈 수 있다는 것이다. 예를 들어, 팀 프로젝트에서 동료의 의견을 존중하고, 함께 일하는 사람들의 어려움을 이해하며 도와주는 태도는 동료들의 신뢰를 얻는다. 배려심이 있는 사람은 단순히 자신만의 이익을 추구하지 않고, 팀 전체의 성공을 위해 노력한다. 이는 자연스럽게 리더십으로 이어진다. 사람들은 배려심 있는 리더를 따르기 마련이며, 이는 결국 승진으로 연결된다.

또한, 배려심 있는 행동은 직장 내 긍정적인 문화를 형성하는 데 기여한다. 한 직장 내에서 배려심 있는 태도를 보이는 직원은 동료들에게 귀감이 되어, 전체 팀의 분위기를 개선시킬 수 있다. 이러한 문화는 결국 조직 전체의 생산성을 높이는 결과를 가져온다.

직장에서의 승진은 단순히 실적만으로 결정되는 것이 아니다.

동료와의 관계, 상사와의 신뢰, 그리고 조직 내에서의 평판이 큰 영향을 미친다. 남을 배려하는 자세는 이러한 모든 요소를 긍정적으로 만드는 데 큰 역할을 한다. 상사와의 관계에서도 마찬가지다. 상사의 기대와 요구를 이해하고, 그에 맞춰 자신을 조정하는 배려심은 상사로부터의 신뢰를 얻는 데 중요한 요소가 된다.

우리 아이의 미래를 위해 반드시 필요한 덕목은 배려심이라는 사실을 잊지 말자. 이런 태도는 우리 아이의 성장뿐만 아니라 소속된 팀의 성공으로 이어진다. 상대방의 필요를 이해하고, 그들의 문제를 해결해주려는 노력은 신뢰를 얻는 지름길이다.

배려를 내면화하는 마음가짐

아이를 성공적으로 양육하기 위해 필요한 중요한 요소 중 하나는 배려심을 내면화하는 마음가짐이다. 아이에게 배려심을 가르치기 위해서는 겸손한 마음을 갖도록 유도하고, 상대를 있는 그대로 인정하며 스스로 노력하는 태도를 기르는 것이 중요하다.

겸손은 배려심의 출발점이다. 아이가 겸손한 마음을 갖게 하기 위해 부모는 일상에서 구체적인 행동 방법을 통해 겸손을 가르쳐야 한다. 부모는 겸손의 본보기가 되어야 한다. 예를 들어, 부모에게 좋은 일이 생겼을 때 "엄마 혼자서 한 것이 아니야, 사람은 서로가 서로를 도우며 살아가는 거야."라고 말하는 것이 좋은 예이다. 이러한 태도는 아이에게 중요한 교훈을 준다.

아이에게 타인의 장점을 발견하고 칭찬하는 연습을 시키는 것도 좋은 방법이다. 예를 들어, 가족회의 시간이나 저녁 식사 시간에 하루 동안 친구나 가족의 장점을 이야기하는 시간을 마련한다. 아이가 친구의 장점을 칭찬하면, 부모는 "정말 좋은 관찰력이구나. 너도 그렇게 생각하는구나."라고 공감해준다. 이는 아이가 자연스럽게 타인의 긍정적인 면을 보는 습관을 갖게 한다.

아이와 함께 지역 사회에서 봉사 활동을 하는 것도 겸손을 기르는 좋은 방법이다. 예를 들어, 주말에 동네 환경 정화 활동에 참여하는 것은 아이가 타인을 돕고, 그 과정에서 감사함을 느끼게 한다. 봉사 활동 후에는 아이와 함께 활동에 대해 이야기하며, "우리가 조금이라도 도움이 되어 기뻐."라고 말해준다. 이러한 경험은 아이가 타인의 입장을 이해하고, 겸손한 태도를 갖게 하는 데 큰 도움이 된다.

배려심을 내면화하기 위해서는 상대를 있는 그대로 인정하는 태도를 지니는 것도 중요하다. 이는 아이가 타인의 다름을 존중하고, 다양한 사람들과 긍정적인 관계를 형성하는 데 도움을 준다. 아이에게 다양한 문화와 배경을 가진 사람들을 접하게 하는 것도 중요한 교육 방법이다. 예를 들어, 다문화 체험 행사에 참여하거나, 다양한 국가의 음식과 문화를 소개하는 책을 함께 읽으면 좋다. 이러한 경험은 아이가 자연스럽게 타인의 다름을 인정하고 존중하는 태도를 배우게 한다. 특히 다양성에 대한 긍정적인 시각을 가지도록 돕는다.

또한 타인의 피드백을 수용하는 태도도 알려주면 좋다. 가족회의나 토론 시간을 마련하여 서로의 행동에 대해 솔직한 피드백을 주고받는 연습을 한다. 부모가 먼저 피드백을 긍정적으로 받아들이는 모습을 보여주면 아이도 이를 배우게 된다. "엄마도 그 부분에 대해 더 노력할게. 너도 함께 노력해보자."와 같은 대화는 아이에게 피드백의 긍정적인 면을 강조한다.

피드백 활동을 통해 아이에게 상대를 있는 그대로 인정하고 스스로 노력하는 태도를 가르치는 것은 부모의 중요한 역할이다. 구체적인 피드백과 역할 놀이, 자율성을 기르는 활동을 통해 아이는 자연스럽게 배려심과 책임감을 내면화할 수 있다. 이러한 경험은 아이가 사회에서 긍정적인 관계를 형성하고, 독립적이며 책임감 있는 성인으로 성장하는 데 큰 도움이 될 것이다.

부모의 노력과 사랑이 아이에게 큰 영향을 미친다는 것을 잘 알고 있을 것이다. 때로는 어려울지라도, 아이와 함께 성장하는 과정을 즐기며, 작은 변화와 성취를 기뻐하길 바란다. 아이에게 배려심을 가르치는 여정은 긴 시간과 인내를 필요로 하지만, 그 결실은 매우 값지다. 배려심 있는 아이로 자란다는 것은 단순히 사회적으로 성공하는 것을 넘어, 진정한 행복과 만족을 누리는 삶으로 이어지기 때문이다.

끝으로, 이 여정 속에서 늘 서로에게 격려와 지지를 아끼지 않는 부모가 되기를 바란다. 여러분은 혼자가 아니다. 많은 부모들이 같은 목표를 향해 함께 노력하고 있다. 책에서 말한 내용이 여러분에게 도움이 되기를 바라며, 모든 부모와 아이들에게 밝고 행복한 미래가 함께하길 진심으로 응원한다.

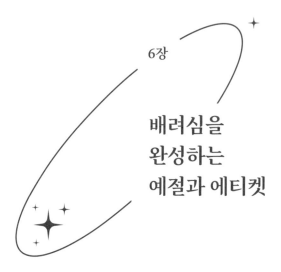

6장

배려심을
완성하는
예절과 에티켓

영화 〈킹스맨: 시크릿 에이전트〉에 주인공들이 지역 술집에서 깡패들과 맞서는 장면이 나온다. 이때 주인공 중 한 명인 해리가 깡패들의 무례한 행동을 이렇게 지적한다. "매너가 사람을 만든다." 그리고 그 깡패들을 단번에 제압한다. 이 장면은 위트와 액션이 절묘하게 조합되면서 영화의 명장면이 되었고, 영화에 나오는 수많은 대사 중 가장 사랑받는 명대사로 남게 되었다. 이는 예절과 배려가 사회적 규범의 역할을 넘어 인간의 품격을 형성하는 중요한 요소라는 사실을 증명하는 것이다.

우리 아이들이 배려심을 가지고 예절과 에티켓을 지키는 것은 매우 중요하다. 이는 곧 배려심을 완성하는 핵심 요소이기 때문이다. 만약 일상생활에서 예절과 에티켓이 결여된다면 어떤 상황이 벌어질까? 다양한 사례가 수도 없이 떠오르지만, 의도했든 의도하지 않았든 어떤 행동 하나가 다수의 불편으로 이어지는 상황이 벌어질 것이다.

이처럼 일상생활에서 예절과 에티켓이 지켜지지 않으면 타인에게 불쾌감을 주고, 서로의 관계에도 부정적인 영향을 미칠 수 있다. 그래서 아이들이 어릴 때부터 배려심과 함께 올바른 예절을 배우는 것은 정말 중요하다. 어떻게 해야 아이들을 배려심 있는 사회 구성원으로 성장시킬 수 있을지 살펴보자.

타인에게 불쾌감을 주지 않으려고
노력하는 마음과 태도

인간은 타인과의 상호작용에서 긍정적인 피드백을 받을 때 더 큰 만족감을 느낀다. 그런 의미에서 예절과 에티켓은 도파민 분비를 촉진하여 기분을 좋게 하고, 이를 통해 우리는 더 나은 사회적 관계를 유지하려는 동기를 갖게 된다. 물론 아이의 심리적 건강에도 중요한 영향을 미친다. 따라서 배려심과 예절에 대해 구체적으로 가르치는 것은 매우 중요하다. 또한, 아이가 배려심을 보였을 때 칭찬과 격려를 아끼지 않아야 한다. 이는 아이가 긍정적인 행동을 반복하도록 동기를 부여한다.

사람 사이의 관계는 상호 존중과 배려를 바탕으로 형성된다. 타인에게 불쾌감을 주지 않으려는 노력은 이러한 관계를 유지하고 강화하는 데 필수적이다. 상대방의 감정을 이해하고 존중함으로써 신뢰와 협력을 증진시킬 수 있다. 더불어, 누군가에게 상처를 주거나 불편하게 하면 불안과 죄책감을 느낄 수 있기 때문에, 타인을 배려하는 마음은 자신의 내면의 평화와 안정에도 기여한다.

나아가, 부정적인 말이나 행동은 부정적인 에너지를 확산시키지만, 긍정적인 태도와 배려는 긍정적인 에너지를 촉진한다. 이는 결국 더 나은 환경을 조성하고, 자신뿐만 아니라 주변 사람들의 행복에도 기여하게 된다. 따라서, 타인에게 불쾌감을 주지 않으려는 노력과 태도는 개인과 사회의 건강과 조화를 위해 매우 중요한 요소이다.

타인에게 불쾌감을 주지 않으려는 마음과 태도를 지니면, 우리의 삶을 더욱 풍요롭게 만들 수 있다는 사실을 기억하자. 부모가 아이에게 배려심을 가르치는 것은 우리 사회를 더 따뜻하고, 이해심이 넘치게 만드는 첫걸음이다. 앞에서 언급한 "매너가 사람을 만든다."라는 말처럼, 예절과 배려가 우리를 더 나은 사람으로 만들어준다. 그로 인해 우리 모두가 행복한 사회를 만들어 나갈 수 있다.

상대에게 본인을 배려한다고 느끼게 하는 마음과 태도

하루하루가 다르게 변하는 오늘날 우리는 다양한 사람들과 끊임없이 소통하고 협력해야 한다. 그것은 우리 아이들이 주역이 될 미래 사회에서도 마찬가지다. 이러한 상호작용에서 상대방이 배려를 느낀다면, 인간관계를 원활하게 하고, 신뢰를 쌓으며, 궁극적으로 잘살 수 있게 된다. 배려심 있는 행동은 단순한 예의범절을 넘어서, 상대방의 마음을 진심으로 이해하고 존중하는 것이다. 이와 같은 태도는 상대방에게 안정감과 신뢰를 주어 더 나은 협력과 소통을 가능하게 한다. 그 결과는 굳이 말하지 않아도 명확하다.

상대방이 본인을 배려한다고 느끼게 하려면, 그 사람을 대하는 마음과 태도가 진심에서 우러나와야 한다. 이심전심(以心傳心), 마음과 마음으로 서로 뜻이 통한다는 뜻으로, 말로 하지 않아도 서로의 마음을 이해하고 배려해야 한다. 진심으로 상대를 생각하고 배려하는 태도가 중요한 것이다. 하지만 마음과 마음이 통하는 일, 그게 어디 말처럼 쉽겠는가? 말로 흥하고 말로 망하는 것이 인간 세상의 오래된 진리다. 그래서 말을 잘해야 하며 아이들에게도 말의 중요성을 가르쳐야만 한다.

"가는 말이 고와야 오는 말이 곱다.", "낮말은 새가 듣고 밤말은 쥐가 듣는다.", "세 치 혀가 사람 잡는다.", "발 없는 말이 천리 간다." 등 속담에 '말'과 관련된 내용이 유독 많은 것도 그만큼 말이 중요하다는 것이다. 속담에만 그치는 것이 아니다. '삼사일언(세 번 신중히 생각하고, 한 번 조심히 말하라)', '일언천금(한마디의 말이 천금의 가치가 있다)', '불필다언(많은 말을 할 필요가 없다)' 등 사자성어도 많다. 선인들은 '말이 최고의 태도'라는 것을 줄곧 강조했다.

아이들에게는 '상대방의 말을 끊지 않고 끝까지 들어주는 게 중요하다.', '친구의 감정과 생각을 이해하고, 친구 입장에서 생각해 보아야 한다.'라고 가르치면 좋다. 상대방이 자신의 이야기를 끝까지 할 수 있도록 하는 것은 상대에게 존중받는 느낌을 주는 가장 쉬운 방법이기 때문이다. 그들의 감정에 공감하고, 그들이 처한 상황에 대해 이해하려는 노력을 보여주는 것은 배려의 태도를 지녔다는 것을 의미한다.

또한 작은 행동 하나하나가 상대방에게 '나 지금 배려받고 있다.'라는 느낌을 줄 수 있다. 문을 열어주거나, 무거운 짐을 함께 들어주는 등의 작은 행동이 상대방에게 큰 감동을 줄 수 있다. 상대방의 행동을 보고 빠르게 대응해주는 것이다. 또한 노고와 성과를 인정하고 칭찬하는 것은 상대방에게 정말 큰 힘이 된다. 자존감을 높이고, 더 열심히 노력하게 만들기 때문이다.

때로는 자신의 이익을 양보하고 상대방을 위해 희생하는 태도가 필요하다. 이는 상대방에게 깊은 신뢰와 존경을 받게 한다. 이러한 마음과 태도를 바탕으로 상대방을 배려한다면, 그들도 진심을 느끼고 더욱 가까워질 수 있을 것이다. 배려는 단순한 행동을 넘어 상대방의 마음을 이해하고 존중하는 데서 시작된다.

본능과 이타심 사이에서
세상을 배우고 성장하는 아이

아이들은 태어나면서부터 본능적으로 자신의 필요를 충족시키려는 행동을 한다. 이는 생존을 위한 자연스러운 행동이다. 아이는 배고프면 울고, 불편해도 울며 자신의 감정을 표현한다. 이러한 본능은 아이가 자신의 욕구를 충족시키는 데 매우 유리하게 작용한다. 그러나 성장하면서 아이들은 사회가 정한 규칙이나 형성된 분위기를 통해 우는 것의 한계를 느낀다. 이때, 자신의 욕구뿐만 아니라 다른 사람의 감정과 필요도 이해하고 배려하는 법을 배우게 되는데 이 과정에서 부모의 역할은 매우 중요하다.

아이들은 본능과 이타심 사이에서 균형을 찾아가는 과정을 통해 사회성을 배운다. 이타심은 다른 사람을 배려하고, 공감하며, 협력하는 능력을 의미한다. 아이가 처음으로 나눔의 기쁨을 경험하는 순간은, 엄마의 따뜻한 말투와 행동에서 비롯될 수 있다. 예를 들어, 엄마가 "우리 친구와 함께 나눠 먹자. 그러면 친구도 행복해질 거야."라고 말할 때, 아이는 나눔의 보람과 기쁨을 배우게 된다. 그러나 배려심이 없다면 자신이 가진 필살기, 즉 우는 것을 선택할 확률이 높아진다.

아이들은 종종 '내 것'을 지키려는 강한 소유욕을 보인다. 이 시기에는 아이가 자기 물건에 대한 애착과 소유욕을 가지게 되는데, 이는 자연스러운 현상이다. 그러므로 이 시기에 나눔의 중요성과 그로 인한 기쁨을 배울 수 있는 기회를 제공하는 것도 중요하다. 아이에게 나눔의 기쁨을 가르치는 방법 중 하나는 실제로 나누는 경험을 하게 하는 것이다. 예를 들어, 엄마가 "네가 좋아하는 장난감을 다른 사람과 나누어 보자. 그 장난감을 받는 누군가가 얼마나 기뻐할지 생각해 보렴."이라고 말하면, 아이는 나눔으로 인한 긍정적인 반응을 경험하게 된다. 이 과정에서 엄마의 따뜻하고 긍정적인 말투는 아이의 마음에 큰 영향을 미친다. 아이는 자연스럽게 나눔의 가치를 배우게 된다.

아이에게 이타심과 나눔의 기쁨을 가르치는 데 있어 여러 가지 지식을 활용할 수 있다. 동화책이나 애니메이션을 통해 나눔과 이타심의 가치를 담은 이야기를 들려주는 것도 효과적이다. '곰 세 마리' 같은 동화에서는 서로 나누며 사는 가족의 모습을 보며 나눔의 중요성을 쉽게 이해할 수 있다. 또한, 역할 놀이를 통해 아이가 직접 경험해보게 하는 것도 좋은 방법이다. 엄마와 함께 가상의 상황을 만들어 "친구가 장난감을 빌려달라고 하면 어떻게 할까?" 같은 질문을 던지며 아이가 다양한 상황에서 나눔을 실천해 볼 수 있도록 도와줄 수 있다.

아이들은 본능적으로 자신의 필요를 먼저 충족시키려는 경향이 있지만, 성장하면서 이타심을 배우고 다른 사람을 배려하는 법을 익히게 된다. 이 과정에서 엄마의 따뜻한 말투와 행동은 아이에게 큰 영향을 미친다. 나눔의 기쁨을 경험하게 하고, 이를 통해 아이가 사회성을 배울 수 있도록 돕는 것이 중요하다. 다양한 지식을 활용하여 아이가 자연스럽게 나눔의 가치를 이해하고 실천할 수 있도록 도와주는 것이 필요하다.

그러므로 따뜻하고 배려심 있는 말투로 아이에게 이타심과 나눔의 중요성을 가르치자. "매너가 사람을 만든다."라는 말처럼 아이의 인간성 완성을 위해 노력하자. 아이가 건강하고 행복하게 성장할 수 있도록 돕는 것이 우리의 역할이라는 것을 상기하면서.

6

PART

시대와 환경의 변화 이후
필요한 엄마의 말투

시대와 환경의 변화 이후 필요한 엄마의 말투

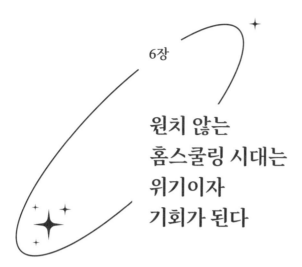

6장

원치 않는 홈스쿨링 시대는 위기이자 기회가 된다

코로나19 팬데믹은 우리 일상에 많은 변화를 가져왔다. 가정에서 행하는 자녀의 교육 방식에도 예외 없이 큰 변화를 가져왔다. 지금은 엔데믹으로 모든 시스템이 정상화되었지만, 갑작스러운 비대면 환경 속에서 홈스쿨링이 일상이 되었고, 부모는 아이들의 일선 교사가 되어야 했다. 이 새로운 환경은 많은 도전을 안기는 동시에 가정과 가정에서의 아이 교육 방식에 대해 고민하게 했다.

비대면 시대가 우리에게 강요한 홈스쿨링이 어떻게 기회로 전환될 수 있는지, 그리고 엄마의 말투가 아이의 교육적 성장과 정서적 안정에 어떤 역할을 할 수 있는지 알아보자. 이는 더 이상 부담이 아닌, 각 가정에 행복과 성장을 가져다주는 새로운 출발점이 될 것이다.

홈스쿨링이란 무엇인가

홈스쿨링 Home-schooling 은 부모나 가정교사가 학교 시스템 외부에서 자녀의 교육을 직접 관리하고 실행하는 교육 방식이다. 이 방법은 공식적인 학교 교육을 대체하여 가정에서 이루어지며, 부모는 교사의 역할을 수행하면서 자녀의 학습 과정을 직접 지도한다.

사실 홈스쿨링의 개념은 새로운 것이 아니다. 고대부터 중세에 이르기까지, 홈스쿨링은 교육의 주된 형태 중 하나였다. 19세기에 들어서면서 학교 교육이 더 일반적인 교육 형태로 발전되기 시작했지만, 홈스쿨링은 여전히 특정 가정에서 선호하는 교육 방식으로 남아있다. 홈스쿨링은 주로 종교적 이유, 문화적 이유, 교육적 철학, 또는 학교 환경에 대한 불만족으로 인해 선택되곤 했다.

홈스쿨링은 1970년대에 들어서면서 미국에서 다시 주목받기 시작했다. 존 홀트 John Holt 와 레이몬드 무어 Raymond Moore 같은 교육학자들이 홈스쿨링을 주장하며, 전통적인 학교 교육이 모든 아이에게

적합한 것은 아니라고 말했다. 홀트는 '학교에서 벗어나기 Unschooling'라
는 개념을 통해 자율적이면서 아이 중심의 학습을 강조하기도 했다.

오늘날 홈스쿨링은 전 세계적으로 많은 가정에서 행해지고 있
다. 홈스쿨링을 선택하는 이유는 다양하지만, 공통적으로 교육의
질을 높이고, 자녀에게 더 개별화된 학습 경험을 제공하고자 하는
목표를 가지고 있다. 팬데믹 상황에서는 홈스쿨링이 선택이 아닌
필수가 되어, 이로 인해 홈스쿨링에 대한 관심과 수요가 크게 증가
했다.

홈스쿨링은 가정 내에서 진행되기 때문에, 교육 과정을 가족의
가치관, 자녀의 학습 스타일, 그리고 부모와 자녀의 일정에 맞춰 유
연하게 조정할 수 있는 장점이 있다. 이를 통해 아이들은 더 자유롭
게 학습에 임하고, 탐구하며, 자신의 흥미와 속도에 맞춰 교육을 받
을 수 있다.

홈스쿨링은 위기가 아니라 기회다

전 세계적으로 다양한 홈스쿨링 사례가 있다. 이미 많은 가정
이 홈스쿨링을 활용하여 교육의 자유를 추구하고 있다. 이들은 온
라인 교육 자료, 가정용 교육 키트, 그리고 지역 사회의 자원을 활

용하여 아이들의 학습을 지원한다. 코로나 이후 비대면 학습의 필요성이 커지면서, 많은 온라인 플랫폼과 교육 프로그램이 홈스쿨링을 지원하기 위해 등장했다.

많은 사람이 홈스쿨링의 다양한 사례에 관심을 갖고 있으나 가장 중요한 것은 자녀의 '자기주도적 학습'이다. 그래서 시간적 여유가 많지 않은 부모들이 홈스쿨링에서 고려해야 할 과제는 아이들이 스스로 학습할 수 있는 환경을 만들어주는 것이다. 아이들의 학습효과를 극대화하기 위해 노력해야 한다는 의미다. 홈스쿨링 시 고려해야 할 여러 영역을 3가지로 정리해본다.

첫째, 자기주도적 학습 환경 조성: 아이가 스스로 학습할 수 있는 환경을 조성하는 것이 중요하다. 이를 위해, 학습 공간을 별도로 마련하고, 아이가 관심을 가질만한 교육 자료를 주기적으로 단계별로 제공해야 한다. 예를 들어, 독서를 통해 도덕, 책임감 등의 가치를 배울 수 있게 하고, 일상의 다양한 활동을 통해 아이가 책임감과 창의성을 배울 수 있도록 하는 게 좋다. 요리를 하면서 분량 계산을 가르치거나, 가족 단위의 프로젝트를 통해 리더 또는 팀원으로서 협력하는 방법을 배우게 할 수도 있다.

둘째, 온라인 기술 활용: 온라인 교육 플랫폼과 앱을 활용하여 아이가 다양한 주제에 접근할 수 있도록 기술적인 지원을 해준다. 또한 온라인에서 스터디 메이트나 교사와 소통할 수 있는 기회를 제공하여, 사회성을 유지하면서도 질 높은 학습을 계속할 수 있게 한다. 이때 중요한 것은 아이가 전자기기, 앱, 플랫폼, 프로그램 등을 부모의 도움 없이 활용할 수 있도록 하는 것이다. 이는 교육을 통한 성장뿐만 아니라 다양한 기술과 도구 활용에 대한 자신감을 갖게 하여 새로운 것을 배우는 일에 대한 부담을 없애준다.

셋째, 부모의 역할 분담: 가능하다면 부모가 역할을 분담하여 아이의 학습을 지원하는 게 좋다. 한 명의 부모가 학습을 돕는 동안 다른 한 명은 생계를 위한 일을 할 수 있다. 이렇게 함으로써, 경제적 부담과 교육적 책임을 균형 있게 관리할 수 있다. 홈스쿨링은 아이에게만 도전이 아니라 부모에게도 큰 도전이다. 부모는 아이의 교사로서 뿐만 아니라 감정적 지원자로서의 역할도 해야 한다. 그래서 아이의 감정을 이해하고, 학습 중 발생할 수 있는 스트레스를 완화시켜 주어야 한다.

홈스쿨링은 팬데믹 상황에서 가정에 새로운 교육 모델을 제시했다. 부모가 직면한 시간적, 경제적 제약 속에서도 아이들에게 필요한 학습과 성장이 이루어지도록 더욱 실용적이고 창의적인 접근 방식이 요구된다. 이러한 환경을 통해 아이들은 도덕, 용기, 책임감, 창의성, 배려와 같은 중요한 가치들을 자연스럽게 배우게 된다.

아이들이 집에서 배워야 하는 것

빠르게 변하는 현대 사회에서 아이들의 교육은 학교에서의 학습에만 의지할 수 없다. 특히 팬데믹 이후 확대된 비대면 환경은 학교 교육이 아이들의 전반적인 성장과 발달을 모두 책임질 수 없음을 분명하게 드러냈다. 이러한 현실에서 부모가 집에서 아이에게 가르쳐야 할 것들은 교과 지식을 넘어서 내적 가치와 정신적 강인함에 이르기까지 매우 다양하다.

아이들이 집에서 배워야 할 가장 중요한 것 중 하나는 자기 자신의 내적 성숙을 이루는 것이다. 학원의 진도를 따라가지 못한다고 너무 걱정할 필요 없다. 아이 스스로 내적으로 성숙하면, 언제 어디서나 스스로 바로 설 수 있게 성장할 것이기 때문이다. 이는 특히 예측할 수 없는 미래, 비대면 시대가 다시 도래해도 아이가 환경에 휘둘리지 않고 자기 주도적으로 학습하고 성장할 수 있는 기반을 마련해 준다. 그렇기 때문에 홈스쿨링을 할 때는 기본 학습 시스템을 철저하게 구축하면서도 아이의 정서적 성장을 위해 많은 시간을 투자해야 한다.

아이는 스스로 자신의 감정을 이해하고 조절하는 방법을 배워야 한다. 세상의 많은 일들의 흥망성쇠가 이 감정으로부터 기인하기 때문이다. 감정-생각-행동으로 이어지는 인간의 사고 행동 체계를 보더라도 모든 일의 시작점인 '감정'이 얼마나 중요한지 바로 알 수 있다. 그러므로 부모는 아이에게 자신의 감정을 인식하고 표현하는 방법을 가르쳐, 감정의 지배를 받지 않고 합리적인 판단을 할 수 있도록 도와야 한다.

무엇보다 아이들에게 선택의 기회를 제공하고, 그 선택에 따른 결과를 스스로 경험하게 하는 것이 중요하다. 이를 통해 아이들은 자신의 결정에 책임을 지는 법을 배우며 자신감을 키울 수 있다. 아이 스스로 목표를 설정하고, 그 목표를 달성하기 위해 노력하는 과정에서 내적 동기가 커지고, 이것은 아이의 독립심이 커지게 한다. 따라서 부모는 아이가 자신의 목표를 스스로 세우고, 달성해 나갈 수 있도록 지원해야 한다.

학교 외에 가정에서 아이들에게 가르쳐야 할 또 다른 중요한 덕목은 인간으로서 가져야 할 핵심 가치와 도리다. 이는 아이들이 사회의 구성원으로서 책임감 있게 행동하고, 타인과의 관계에서 윤리적이고 도덕적인 선택을 할 수 있게 한다. 부모는 아이에게 정직, 책임감, 공감 능력 등의 도덕적 가치를 일관되게 가르쳐야 한다. 이러한 것들은 서로 이야기하기, 역할 놀이, 일상의 사례를 통해 자연스럽게 아이들에게 학습된다.

가정은 아이가 공동체의 일원으로서의 역할을 배우는 첫 번째 장소다. 부모는 아이가 가족 구성원과 어떻게 협력하고 배려하는지를 가르쳐야 한다. 지구촌 구성원으로서 환경 보호와 지속 가능한 생활 습관도 가정에서 가르쳐야 할 중요한 교육 내용이다. 글로벌 기업과 각 국가들이 환경을 위해 목소리를 모으고 있는 것이 이를 증명한다. 아이들이 자원의 가치를 이해하고 환경을 보호하기 위한 행동을 일상에서 실천할 수 있도록 가르치자.

어느 날 갑자기 닥친 비대면 학습의 시대는 부모에게 막대한 책임과 부담을 요구했다. 학교의 담임선생님처럼 모든 교육적 책임을 감당해야 할 것 같은 압박감과 그 속에서도 아이들에게 최선의 교육을 하고자 하는 열망이 교차했다. 하지만 부모들에게는 집에서 아이를 온전히 도맡아 가르칠 시간적 여유가 없다. 이러한 상황 속에서 부모의 말투와 소통 방식이 어떻게 아이의 학습과 정서에 영향을 미칠 수 있는지는 그 어느 때보다 중요한 주제가 되었다.

비대면 시대는 우리에게 많은 도전을 제시하지만, 동시에 가정에서 아이들에게 꼭 필요한 내적 가치와 성숙함을 키울 기회를 준다. 너무 걱정하지 않아도 된다. 부모가 이러한 교육을 통해 아이를 내적으로 강하고, 도덕적으로 성숙한 인재로 키운다면, 아이는 어떠한 환경에서도 스스로 성장하고 빛날 수 있기 때문이다.

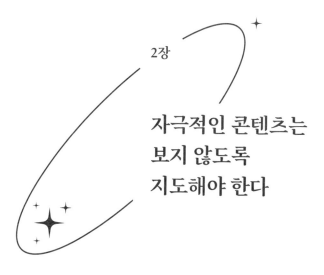

2장

자극적인 콘텐츠는
보지 않도록
지도해야 한다

아이들은 이제 학교 수업뿐만 아니라 일상의 대부분을 디지털 매체를 접하면서 생활하고 있다. 이런 변화는 부모와 자녀 간의 소통 방식에도 새로운 방법을 요구한다. 이런 환경에서 '엄마의 말투'는 아이들을 바르게 지도하고 건강하게 키울 수 있는 만능 열쇠가 될 수 있다.

세상에 넘쳐나는 정보는 아이들에게 매일같이 수많은 선택을 요구하고 있다. 특히 '콘텐츠'는 아이들의 감정과 행동에 큰 영향을 줄 수 있기 때문에 엄마가 아이에게 좋은 미디어 이용 습관을 길러주는 건 이제 선택이 아닌 필수가 되었다. 이는 단순히 콘텐츠의 제한을 의미하는 게 아니라, 왜 어떤 콘텐츠가 적합하지 않은지를 이해시키고, 스스로 건전한 선택을 할 수 있도록 이끄는 과정을 포함한다. 그 과정을 어떻게 설계하고 실천할 수 있는지에 대한 효과적인 방법을 함께 생각해보자.

요즘 아이들이 보는 인기 콘텐츠의 이면

아이들이 온라인 플랫폼을 통해 접하는 다양한 콘텐츠를 보면, 부모들의 걱정을 불러일으키는 것들이 많다. 많은 시간을 혼자 보내면서 온라인에 접속하는 아이들 앞에는 교육적 가치가 있는 콘텐츠뿐만 아니라 부적절한 콘텐츠도 수없이 펼쳐진다. 부모의 감시가 어려운 사이, 아이들은 폭언이나 욕설을 포함한 부정적인 영향을 미치는 콘텐츠에 쉽게 노출될 수 있다. 이런 것들은 아이들의 정서적, 내면적, 육체적 성장에 부정적인 영향을 끼칠 수 있는데, 아이들이 접하는 콘텐츠들은 단순히 표면적인 지식의 습득을 넘어서 아이들의 가치관 형성과 성격에도 영향을 미치기 때문이다.

우리 아이들이 온라인에서 접하는 콘텐츠는 사고방식과 행동양식에 영향을 주는 중요한 요소가 된다. 따라서 부모는 단순히 콘텐츠의 양과 시청 시간을 관리하는 것을 넘어서, 어떤 콘텐츠가 아이에게 긍정적인 영향을 미치는지, 또 어떤 것들이 해로운지를 구별하는 능력을 아이에게 교육해야 한다. 이는 아이들이 스스로 콘텐츠를 선택할 때 올바른 판단을 할 수 있도록 도와주며, 장기적으로는 건전한 미디어 소비 습관을 형성하는 데 기여한다. 무분별한 콘텐츠 노출은 단순히 지금의 행동에만 영향을 미치는 것이 아니라, 아이의 미래 성격과 사회성, 심지어 학업 성취에까지 영향을 주기 때문이다.

부모는 아이들이 보는 콘텐츠를 함께 보고, 왜 어떤 프로그램이 좋고 어떤 것이 나쁜지에 대해 솔직하고 단호하게 이야기하며, 아이가 좋은 콘텐츠를 선택하도록 도와줘야 한다. 이런 과정을 통해 아이들은 자연스럽게 좋은 콘텐츠를 선택하는 법을 배우게 된다. 그리고 이를 통해 자기 주변의 친구들에게도 긍정적인 영향을 끼치게 된다. 그러므로 화려한 콘텐츠 이면에 감춰진 본질을 아이에게 잘 이해시켜 아이가 건강하게 성장하도록 도와주자.

콘텐츠는 결국 언어에 영향을 미친다

"개맛있어", "킹받네", "핵존맛" 등은 세대를 가르는 신조어다. 부모로서 내 아이가 이런 단어를 쓴다면 어떤 기분이 들까? 백번

양보해서 기분은 별로 좋지 않지만 시대에 따라 언어는 늘 변화해 왔다고 생각하면 큰 오산이다. 이는 심심한 사과, '00명 모집', '주 인 백', '배상' 등을 엉뚱하게 해석하는 낮은 문해력 문제와도 그대 로 연결되기 때문이다. 그리고 우리 아이들이 보는 콘텐츠에는 태 생조차도 알 수 없는 신조어들이 난무하고 있다. 언어에 있어서는 그야말로 무질서의 시대다.

아이들이 콘텐츠를 통해 접하는 부적절한 언어 사용은 감정과 생각을 형성하는 데 큰 영향을 미친다. 이는 결국 아이들의 일상 언 어에도 반영된다. 요즘 학교 선생님들의 큰 어려움 중 하나는 아이 들의 '나쁜 언어 사용'이다. 선생님들은 아이들의 나쁜 언어 사용을 걱정하지만, 한 교사가 동시에 많은 학생을 지도하고 챙기기는 현 실적으로 어렵다. 이러한 상황에서 엄마의 역할은 매우 중요하다. 아이들이 하루 종일 부모와 함께 있는 것이 아니기 때문에, 아이 스 스로 부적절한 콘텐츠를 구별하고 제어할 수 있는 능력을 길러주는 것이 필요하다.

이를 위해 부모는 아이와의 대화를 통해 올바른 언어 모델을 제공해야 한다. 긍정적이고 존중하는 언어를 사용하는 모습을 보여 주어, 아이도 자연스럽게 좋은 말 사용을 학습할 수 있도록 해야 한 다. 또한, 아이가 좋아하는 프로그램이나 비디오를 함께 선택함으 로써, 그 선택의 이유를 설명하도록 하고, 어떤 콘텐츠가 부적절한

지에 대해 토론을 유도한다. 이 과정에서 아이는 스스로 판단할 수 있는 능력을 키울 수 있다.

아이들이 자신의 감정을 정확히 인식하고 표현할 수 있게 하는 것도 중요하다. 아이가 화가 났을 때 그 이유를 말할 수 있도록 격려하고, 적절한 언어로 감정을 표현하는 방법을 가르친다. 가정 내에서는 부적절한 언어 사용에 대한 명확한 규칙을 설정하고, 그 규칙을 위반했을 때 적절한 조치가 따름을 보여줌으로써 아이들이 언어 사용에 대한 책임감을 가지도록 한다. 자기가 한 말에 대한 책임 의식은 아이의 전인적인 성장에 큰 도움이 된다.

이러한 접근 방법은 아이들이 자신의 말과 행동에 대해 생각하게 만들고, 사려 깊은 표현법을 배우게 한다. "말 한마디에 천냥 빚을 갚는다."라는 속담이 말하듯, 우리 아이들의 미래는 그들이 사용하는 언어에 크게 좌우된다. 따라서 부모가 적극적으로 아이의 의사소통을 관리하고, 일상에서의 바른 언어 사용을 지도하면 아이는 더 나은 사회적 상호작용 능력을 기르고, 건전한 언어 습관을 형성할 수 있을 것이다. 이는 아이들이 스스로 좋은 콘텐츠를 선택하고 올바른 언어 사용 능력을 키우는 데 중요한 역할을 한다.

아비투스 그리고 언어자본

아비투스 habitus 는 프랑스 사회학자 부르디외가 사회문화적 환경에 의해 결정되는 제2의 본성을 일컫는 용어로 처음 제시했다. 이를 쉽게 말하면 내가 속하거나 만나는 사람, 내가 즐기는 취미나 해내는 모든 과제가 나의 아비투스가 되기 때문에, 습관 habit 보다 근본적인 개념인 아비투스를 바꿔야 성공적인 인생을 살 수 있다는 의미를 담고 있다. 다행히 아비투스는 정확한 방향성을 가지고 적극적으로 노력한다면 얼마든지 바꿀 수 있다.

지그문트 프로이트는 "언어는 인간의 운명을 결정짓는 가장 강력한 무기다."라고 말했다. 아비투스는 인간의 삶에서 가장 중요한 7개의 자본인 심리, 문화, 지식, 경제, 신체, 언어, 사회에 대한 방법론을 논하고 있지만, 이중에서 내가 강조하고자 하는 영역은 바로 '언어'다. 언어는 7가지 자본 중 노력 여하에 따라 단기간에 변화시킬 수 있기 때문이다. 이는 우리 아이들에게도 마찬가지다. 그래서 우리 아이의 언어자본을 성장시키기 위해 엄마의 말투가 무엇보다 중요하다.

외국 사람들은 재산보다 언어자본을 물려주는 것을 더욱 중요하게 생각한다. 많은 부를 축적하는 것보다 자신들만의 아비투스인 언어자본을 대대로 지켜내는 일이 더 많은 부를 가져다준다고 생각하기 때문이다. 즉, 언어자본을 갖추는 일은 인생에 있어 나의 기준과 가치관을 가지고 타인을 리드하는 것이며, 우리 아이에게 올바른 언어자본을 장착시킨다면 성공은 따 놓은 당상이나 다름없다. 이것이 바로 무분별한 콘텐츠 속에서 우리 아이를 지켜야만 하는 가장 중요한 이유다.

아이의 언어자본을 위해서는 엄마의 말이 중요하다. 아이가 부정적인 언어를 사용한다면, "네가 이런 말을 사용하는 이유는 친구들과 친해지기 위한 거니?", "친구들과 친해지는 것도 중요하지만, 나를 위해 좋은 말을 사용해야 한다는 점을 명심하렴." 등처럼 아이가 엄마와의 대화가 끝난 후에도 스스로의 언어에 대해 점검하고 생각해 볼 수 있게 해야 한다. 무작정 "하지 마.", "안 돼.", "나빠." 처럼 부정적인 감정이 강한 말을 사용하면 아이에게 남는 것은 깨달음이 아니라 엄마의 감정뿐이다. 그러므로 단호하면서도 생각할 여지를 주어야 아이 스스로 생각하고 판단해 자신의 언어를 교정할 수 있다. 그래야 내 아이가 말 한마디로 어디에서나 인정받는 아비투스, 즉 언어자본이 형성된다.

자극적인 콘텐츠의 영향으로부터 우리 아이들을 보호하는 것은 부모의 중요한 책임이다. 특히 비대면 시대와 더불어 아이들의 온라인 활동이 더욱 늘어나고 있기 때문에 부모가 적극적으로 개입

해야 할 필요성이 커졌다. 부모가 아이와의 의사소통을 강화하고, 콘텐츠 선택 과정에 참여하며, 올바른 언어 사용의 중요성을 가르치는 것은 아이들이 건강한 사회 구성원으로 성장하는 데 필수적이다. 이를 위해 우리 부모들은 아이들의 미디어 환경을 세심하게 관리하고, 건전한 의사소통 기술을 교육함으로써 아이들이 자신의 감정과 생각을 건강하게 표현할 수 있도록 독려해야 한다. 이것이 바로 비대면 시대에 필요한 언어자본이자 우리가 아이들에게 줄 수 있는 가장 소중한 선물이다.

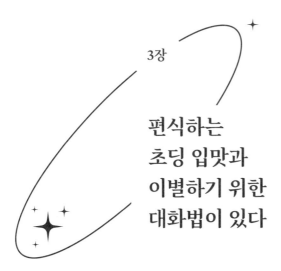

3장

편식하는
초딩 입맛과
이별하기 위한
대화법이 있다

아이들의 건강한 성장을 위해서는 균형 잡힌 영양 섭취가 필요하다. 영양 불균형은 단순히 신체적 건강에만 영향을 미치는 것이 아니라, 아이의 정서적 성장과 뇌 발달에도 중대한 영향을 준다. 뇌는 우리 몸에서 에너지를 가장 많이 소비하는 기관 중 하나로, 특히 성장기의 아이들에게는 더욱 그렇다. 실제로, 뇌는 우리 몸에서 사용되는 총 칼로리의 약 20%를 소비한다. 따라서 아이가 편식을 하여 필요한 영양소를 제대로 섭취하지 못한다면, 뇌의 기능 발달을 저해할 뿐만 아니라, 학습 능력, 집중력, 심지어는 감정 조절 능력에도 부정적인 영향을 미칠 수 있다. 엄마의 말 한마디가 아이의 건강한 식습관을 만들고, 미래를 좌우할 수 있음을 이해하고 그 방법을 한번 알아보자.

편식하는 아이의 마음

아이의 편식은 부모에게 종종 답답하고 걱정스러운 일일 수 있다. 하지만, 아이의 식습관을 긍정적으로 변화시키려면 먼저 편식하는 아이의 마음을 이해해야 한다. 이는 아이들이 성장하면서 겪는 자연스러운 과정이며, 올바른 접근을 통해 쉽게 개선할 수 있는 문제다. 아이들은 익숙하고 맛있는 것만을 선호하는데, 새로운 맛이나 음식에 대해 경계하고, 안전하고 즐거운 맛에 집착하려는 자연스러운 본능 때문이다. 이러한 생물학적 본능은 단맛이 에너지를 제공한다는 인식과 연결되는데, 아이들은 이를 얻기 위해 떼를 쓰거나 투쟁심을 보이기도 한다.

음식 투정을 부리는 아이들의 자기 조절 능력은 성장함에 따라 점차 발달한다. 초기에는 자신의 욕구를 스스로 조절하는 데 어려움을 겪을 수 있다. 따라서 아이가 편식을 하더라도 이는 아직 완전히 발달하지 않은 조절 능력의 일부분으로 이해할 필요가 있다. 부모가 인내심을 가지고 지속적으로 다양한 음식을 소개하고, 긍정적인 식사 경험을 제공하는 것이 중요하다.

특히 이때 엄마의 말투와 태도는 아이의 식습관에 결정적인 영향을 미친다. 편식을 하는 아이에게 부정적인 반응을 보이거나 식사를 강요하면 오히려 아이에게 음식에 대한 부정적인 감정을 부추길 수 있다. 그러므로 음식에 대한 긍정적이고 지적인 대화를 나누는 것이 필요하다. 예를 들어, 음식의 색감, 질감, 맛을 이야기하며 아이가 특정 음식이나 재료에 대해 호기심을 가질 수 있도록 유도하는 게 좋다. 일단 친해지면 수용력이 생기기 때문이다.

아이의 마음을 이해하고 아이의 입장에서 생각하는 것은 부모로서 매우 중요한 자세이다. 편식은 단순히 식습관의 문제가 아니라, 아이의 성장과 발달 과정에서 자연스럽게 마주치는 과정 중 하나다. 이를 이해하고 적절히 대응하는 것이 아이의 건강한 성장을 돕는 첫걸음이 된다. 아이의 편식을 다룰 때는 부드러운 격려와 지속적인 지원이 중요하다는 것을 잊지 말고, 아이가 건강한 식습관을 형성하는 데 도움이 되도록 노력하자.

함께하는 올바른 식습관

아이들의 건강한 성장을 위해서는 부모와 자녀가 함께 올바른 식습관을 형성해야 한다. 건강한 식습관을 기르는 일은 아이들이 자라면서 필요한 영양을 제대로 섭취하고, 비만이나 영양 결핍과 같은 문제를 예방하는 데 도움이 된다. 그렇다면 어떻게 우리 가정만의 올바른 식습관 문화를 만들 수 있을까? 아이들은 보고 배우는 경향이 크므로, 부모가 건강한 식사를 하는 모습을 보이면 자연스럽게 좋은 식습관을 배울 수 있다. 식사 준비부터 식사 선택까지 부모와 함께하는 과정에서 아이들은 다양한 식품에 대해 배우고, 어떤 음식이 자신의 건강에 도움이 되는지 알게 된다.

　무엇보다 식사 시간에 아이와의 대화를 통해 음식에 대한 긍정적인 관심을 불러일으킬 수 있다. 예를 들어, "이 채소는 봄에 자라서 지금 제일 맛있어.", "이 과일은 비타민이 풍부해서 피부에 정말 좋아." 등의 말은 아이로 하여금 음식에 대한 호기심을 갖게 하며, 식사를 더욱 흥미롭게 만드는 요소가 된다. 이뿐만 아니라 이러한 대화를 조금 더 발전시키면, 음식의 유래나 재료의 재배 방식에 대한 설명을 포함할 수 있다. 이는 아이들의 지식을 넓히고 식사에 대한 긍정적인 태도를 형성하는 데 기여한다.

　또한 건강한 식습관은 단순히 올바른 음식을 선택하는 것뿐만 아니라, 식전과 식후 활동도 포함한다. 예를 들어, 식사 전 자극적인 간식을 지양하고 땀이 나는 활동을 통해 밥맛을 높일 수 있다. 식사 후에는 가벼운 산책을 하며 아이의 소화를 돕고, 식사에 대한 만족감을 높일 수 있다. 이러한 활동은 신체적 건강뿐만 아니라, 부모와의 정서적 안정감도 제공한다.

올바른 식습관은 부적절한 식품 성분의 섭취를 철저히 피하는 것도 포함한다. 편의점 도시락이나 즉석 음식에 포함된 방부제, 인공 색소, 감미료 등과 글루탐산염, 아질산염 등의 성분은 스트레스와 우울증을 증가시킨다. 이러한 성분들은 아이의 신체적 건강뿐만 아니라 정서적 안정성에도 부정적 영향을 미칠 수 있다. 그러므로 부모의 보호에서 벗어난 환경, 예를 들어 학교나 학원에서 아이들이 건강한 식단을 선택할 수 있도록 교육하는 것이 중요하다. 이는 아이가 건강한 어른이 되기 위해 일상 속에서 건강한 식단을 선택할 수 있는 능력을 길러주기 때문이다.

밥을 잘 먹게 만드는 말

아이들에게 건강한 식습관을 길러주기 위해서는 단순히 "먹어라."라고 말하는 것보다 더 창의적이고 교육적인 접근이 필요하다. 식사 시간을 재미있고 교육적인 경험으로 만들어 줄 수 있는 몇 가지 대화법을 소개한다.

음식에 담긴 이야기 탐험하기

식사를 하면서 음식의 역사나 특별한 스토리나 색깔을 언급하면서 아이와 이야기를 나누어 보자. 예를 들어, "이 파스타는 원래 이탈리아 음식이야. 어떻게 여기까지 오게 되었는지 알아?"라고 말함으로써 스토리텔링에 잘 집중하는 아이의 특성과 연결시킬 수 있다. 또한 "이 채소의 색깔을 봐! 자연에서 온 다양한 색깔이 있어. 이런 색들이 우리 몸에 어떻게 힘을 주는지 알아?"라고 말함으로써, 아이가 음식의 재료를 더 가까이에서 관찰하고 즐기게 만든다. 앞에서 말한 것처럼 일단 친해지면 수용력이 생긴다.

음식에 담긴 감사함 느끼기

아이와 함께 식사를 준비하는 동안 농부와 요리사의 노고에 대해 이야기하면서 아이가 음식을 먹을 때 감사의 마음을 가질 수 있도록 한다. "이 사과를 심고 가꾸고 수확하는 데 많은 사람들의 수고가 필요했어. 어떤 사람들이 있을까?"라고 말하며, 음식과 재료에 담긴 노고를 이해하게 한다. 우리가 매일 접하는 모든 음식에는 그런 감사함이 있다는 사실을 상기시키는 것만으로도 훌륭하지만, 덧붙여 짧은 감사 기도를 함께하면 아이의 정서적 성숙을 도모할 수도 있다.

지구를 지키는 슈퍼 히어로 되기

"오늘 저녁에 준비된 음식을 다 먹으면, 우리가 지구를 조금 더 건강하게 만들 수 있다."라는 말을 통해 음식을 남기지 않는 것만으로도 자원을 아끼고 환경을 보호하는 일이라는 것을 가르칠 수 있다. 또한 "이 채소를 다 먹으면, 슈퍼 파워가 생겨. 이 채소들은 얇고 작기 때문에 몸 구석구석에 에너지를 잘 전달해서 너를 더 건강하고 강하게 만들어 줄 거야. 그럼 넌 우리 집의 슈퍼 히어로가 될 수 있다."라고 말하면서, 식사를 미션으로서 완료하는 일에 대한 심리적인 보상을 줄 수 있다. 이는 아이의 환경 의식을 높여줄 뿐만 아니라 자연에 대한 책임 의식도 높여준다.

아이의 편식에 공감하기

때로는 아이가 특정 음식이나 재료를 꺼려할 때, 그 문제를 음식 자체에 돌려 아이의 마음에 공감하는 것도 중요하다. "이 음식이 맛이 없어 보이니? 아마도 요리할 때 너무 많은 간을 했을 수도 있어. 다음 번에는 함께 요리해 보자. 네가 좋아하는 맛으로 만들어 보자."라고 제안하면서, 아이가 음식 선택에 관여하고, 자신의 입맛에 맞게 음식을 탐색할 기회를 제공할 수 있다. 또한 "음식이 문제야. 우리 아가를 힘들게 하다니!" 등의 위트를 담은 말을 통해 아이가 음식에 대한 흥미와 자신감을 회복하는 데 힘을 실어줄 수도 있다.

이러한 대화법들은 아이가 식사 시간을 더욱 즐기게 하고, 장기적으로 건강한 식습관을 형성하는 데 도움을 준다. 부모가 아이와의 식사 시간을 이용해 교육적이고 긍정적인 경험을 하게 한다면 아이는 자연스럽게 올바른 식습관을 들이고 몸과 마음이 모두 건강한 인재로 성장할 수밖에 없다.

처음부터 모든 것을 완벽하게 할 필요는 없다. 모든 시작은 부담스럽고 어색할 수 있지만, 일단 시작해 보면 생각보다 어렵지 않다는 것을 쉽게 알게 된다. 아이와 함께 배우고, 함께 성장하는 과정 자체가 보람찬 경험이 될 것이다. 부모들에게도 큰 도움이 되리라고 확신한다. 우리 아이들의 건강하고 밝은 미래를 위해, 오늘부터 엄마의 말투와 함께 건강한 식습관 들이기를 실천하자.

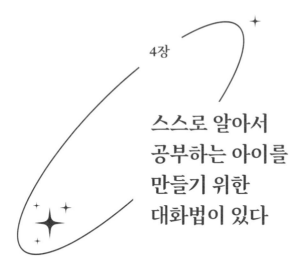

4장

스스로 알아서
공부하는 아이를
만들기 위한
대화법이 있다

　　대치동 학원가에서 초등학교 6학년 아이에게 들어가는 학원비가 월 155만 원이라는 내용의 기사를 본 적이 있다. 많은 아이가 '자녀들의 시간은 돌아오지 않는다.'라는 그럴듯한 이유 때문에 부모가 치밀하게 짜준 시간표를 미션처럼 수행하며 하루하루를 보내고 있다. 그렇게 해야만 어디 가서 '남들만큼 했다.'라고 말할 수 있단다. 정녕 우리에게는 이 방법밖에는 없는 것일까?

　　아이들에게 '스스로 한다는 것'은 '자존감'과 매우 깊은 연관이 있다. 자존감은 자신의 가치와 능력을 스스로 인식하고 신뢰하는 마음을 의미한다. 벌써부터 느낌이 딱 오지 않는가? 자존감이 높은 아이들은 자신이 할 수 있다는 믿음을 가지고 도전하는 것을 즐긴다. 즉, 이런 아이들에게 '어려움'이란 기피 대상이 아니라 학습 대상인 것이다. 이런 태도는 자연스럽게 자기주도적인 학습으로 이어질 수밖에 없다.

스스로 공부하는 아이

자기주도 학습 Self-directed Learning, SDL 은 아이가 자신의 학습 과정을 스스로 계획하고 실행하는 방식을 말한다. 이는 아이 스스로 학습 목표를 설정하고, 필요한 자원을 찾아내며, 학습 전략을 선택하고, 학습 과정을 평가하는 일련의 과정을 포함한다. 자기주도 학습의 핵심은 학습자가 자신의 학습에 대한 책임을 지고, 자기 통제를 통해 학습을 이끌어 나가는 것이다. 그리고 이런 학습 태도는 앞에서 말한 자존감과 깊은 관련이 있다.

미국의 아이비리그 대학에 입학한 학생들의 공통점 중 하나는 자기주도 학습 능력이 뛰어나다는 것이다. 어린 시절부터 스스로 공부 계획을 세우고, 자율적으로 학습했다는 얘기다. 이런 학생들을 선발하는 입학사정관들 또한 자율적으로 학습할 수 있는 능력을 입학 심사에서 중요하게 고려한다. 이들은 자존감이 높은 학생들이 자기주도 학습을 통해 더 높은 성과를 낼 수 있음을 알고 있다. 그러므로 아이를 제대로 키우고 싶다면 철저하게 계산된 시간표를 손에 쥐어줄 것이 아니라 스스로 학습하는 환경을 만들어줘야 한다.

자기주도 학습을 잘하는 아이들이 가진 특별한 능력 중 하나는 독서다. 독서는 자기주도 학습의 핵심 요소로서, 아이들이 스스로 지식을 탐구하고 문제를 해결하며 창의력을 키우는 데 중요한 역할을 한다. 독서는 아이들에게 탐구력, 집중력, 비판력, 공감력이라는 네 가지 힘을 길러주는 데 필수적인 역할을 한다. 예를 들어, 과학 책을 읽으면서 새로운 현상에 대해 탐구력을 가지게 되고, 추가적인 자료를 찾고 알아보는 과정에서 집중력이, 이를 해결하는 과정에서 비판력과 공감력이 강화된다. 이러한 전 과정에서 바로 자기주도 학습이 이루어진다. 바꿔 말하면 독서가 자기주도적 학습 능력을 높이는 데 도움이 된다는 의미다.

자기 관리를 잘하는 아이들

스스로 행동하는 아이들은 자기 관리를 잘한다. 이들은 외부의 지시나 감독 없이도 자신의 목표를 설정하고, 그 목표를 달성하기 위해 필요한 행동을 취한다. 이는 목표에 대한 능동적인 태도와 자신의 행동에 대한 책임감을 바탕으로 한다. 이러한 태도는 자기 관리를 통해 더 큰 성취를 이루게 하는 중요한 역할을 한다. 자기 관리를 잘하는 아이들은 여러 면에서 두드러진 특징을 보이는데, 주요 특징은 다음과 같다.

첫째, 시간 관리를 잘 한다. 자기 관리를 잘하는 아이들은 하루 일과를 효율적으로 계획하고, 각 활동에 필요한 시간을 적절히 배분한다. 이를 통해 모든 활동을 효율적으로 소화하면서도 스트레스를 최소화한다.

둘째, 준비물 관리를 잘 한다. 자기주도적 태도를 지닌 아이들은 수업에 필요한 준비물을 미리 챙겨 놓는다. 이는 필요한 물건을 잊지 않기 위해 체크리스트를 활용하거나, 전날 밤에 미리 가방을 준비하는 습관을 포함한다.

셋째, 과제를 잘 수행한다. 주어진 과제를 체계적으로 관리하고, 정해진 기한 내에 완수한다. 이들은 큰 과제를 작은 단위로 나누어 관리하고, 계획적으로 수행한다. 그래서 성과를 내는 방식에 익숙해지고 자신만의 노하우를 습득한다.

넷째, 예습과 복습을 철저히 한다. 다음 날 배울 내용을 예습하고, 수업 후에는 복습을 통해 학습 내용을 확실히 이해하고 정리한다. 이러한 학습 습관은 배운 지식을 오래 기억하게 하여 당연히 시험 준비에도 큰 도움이 된다.

다섯째, 필기를 잘 한다. 수업 중에 중요한 내용을 체계적으로 정리하여 필기를 잘 한다. 이런 아이들은 필기한 내용을 정기적으로 복습하며, 시험 전에는 필기 내용을 기반으로 학습 계획을 세운다. 그래서 일을 놓치거나 그르치는 일이 상대적으로 적다.

여섯째, 시험 준비를 잘 한다. 시험 일정을 미리 파악하고, 계획적으로 시험 준비를 한다. 학습 범위를 나누어 정기적으로 공부하며, 문제집이나 모의시험을 통해 자신의 실력을 점검한다.

자기 관리를 잘하는 아이들은 스스로 행동하며, 시간 관리, 준비물 관리, 과제 관리, 예습과 복습, 필기, 시험 준비 등 다양한 영역에서 뛰어난 능력을 발휘한다. 자기 관리를 통해 더 큰 성취를 이루고, 자신의 삶을 주도적으로 이끌어 나가는 아이들은 미래의 성공적인 인재로 성장할 가능성이 크다. 이러한 자기 관리 능력은 꾸준한 노력과 실천을 통해 길러질 수 있으며, 부모의 적절한 지원과 격려가 필요하다.

스스로 행동하게 만드는 엄마의 말

아이들이 스스로 행동하게 만드는 것은 자존감 향상과 깊은 연관이 있다. 자존감이 높은 아이는 자신에 대한 믿음과 신뢰가 강해, 자발적으로 행동하고 도전에 맞서며 책임감을 가진다. 이러한 자존감 향상은 부모의 말과 행동에서 비롯되며, 따라서 아이에게 긍정적인 영향을 미치는 부모의 언어 사용은 매우 중요하다. 하지만 어떤 구체적인 상황에서 어떤 말을 사용해야할지 판단하기 어려운 경우가 많다. 그런 당신을 위해 아이를 스스로 행동하게 만드는 엄마의 말을 준비했다. 10가지 엄마의 말을 잘 익히고 우리 아이에게 사용하도록 하자.

아이를 스스로 행동하게 만드는
10가지 엄마의 말

- **"너는 할 수 있어."**

◆ 아이가 새로운 과제를 시도하는 데 주저하는 모습을 보일 때, "너는 할 수 있어"라고 말하며 자신감을 북돋아준다. 이 말을 통해 아이는 도전에 대한 두려움을 극복하고, 자신감을 가지고 시도할 수 있다.

- **"잘했어, 정말 자랑스러워."**

◆ 아이가 작은 성취를 이뤘을 때 즉시 칭찬한다. "잘했어, 정말 자랑스러워."라고 말하면 아이는 자신의 노력이 인정받았다는 것을 느끼고, 더욱 자주 스스로 행동하려고 한다.

- **"어떻게 생각해?"**

◆ 아이에게 문제를 해결할 방법을 직접 제시하기보다는 "어떻게 생각해?"라고 물어본다. 이 질문은 아이가 스스로 생각하고 해결책을 찾도록 유도한다.

- **"도움이 필요하면 말해줘."**

◆ 아이가 어려움을 겪을 때 "도움이 필요하면 말해줘."라고 말한다. 이 말을 통해 아이는 스스로 문제를 해결하려고 노력하면서도, 필요할 때는 도움을 요청할 수 있기 때문에 안전감을 느낀다.

● **"네가 선택한 것이야, 결과도 네 책임이야."**

◆ 아이가 결정을 내려야 할 때 "네가 선택한 것이야, 결과도 네 책임이야."라고 말한다. 이는 아이에게 선택의 중요성을 인식시키고, 책임감을 길러준다. 더욱이 선택에 대하여 신중해야 함의 가치도 깨닫게 한다.

● **"네가 잘할 수 있다고 믿어."**

◆ 아이가 새로운 도전에 직면했을 때 "네가 잘할 수 있다고 믿어."라고 말하며 긍정적인 기대를 표현한다. 이는 아이의 자존감을 높이고, 스스로 행동할 용기를 북돋아준다.

● **"네 의견을 존중해."**

◆ 아이가 자신의 의견을 표현할 때 "네 의견을 존중해."라고 말해준다. 이는 아이가 자신의 생각을 중요하게 여기고, 스스로 결정하는 데 큰 도움을 준다.

● **"실수해도 괜찮아."**

◆ 아이가 실수했을 때 "실수해도 괜찮아."라고 말하며 실수를 긍정적으로 받아들이게 한다. 이는 아이가 실패를 두려워하지 않고 도전하는 태도를 지니게 한다.

● **"네가 결정한 것에 따라 행동해."**

◆ 아이가 결정을 내린 후 행동을 주저할 때 "네가 결정한 것에 따라 행동해."라고 격려한다. 이는 아이에게 결정과 행동의 연관성을 이해시키고, 실행력을 높여준다.

- **"네가 자랑스러워."**

- ◆ 아이가 목표를 달성했을 때 "네가 자랑스러워."라고 말하며 그 노력을 인정해준다. 이는 아이가 자신의 능력을 인정받는 기쁨을 느끼게 하고, 더 큰 목표를 향해 스스로 나아가게 한다.

아이를 스스로 행동하게 만드는 엄마의 말은 자존감을 향상시키는 데 중요한 역할을 한다. 부모의 긍정적이고 격려하는 말 한 마디가 아이의 자존감을 높이고, 스스로 행동하도록 유도할 수 있다. 이러한 언어 사용은 꾸준한 실천을 통해 아이의 자존감 형성에 큰 도움이 되며, 자연스럽게 자기주도 학습과도 연관이 된다. 아이들이 자발적이고 책임감 있는 성인으로 성장할 수 있도록 오늘부터 바로 실천하자.

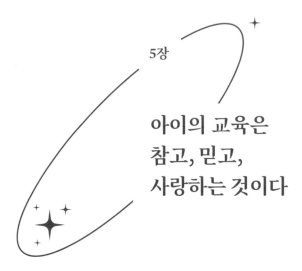

5장

아이의 교육은
참고, 믿고,
사랑하는 것이다

아이를 키운다는 것은 끊임없는 자신과의 싸움이다. 이 책을 쓰는 필자도 그렇고 읽는 당신도 그러하며 아이들의 생각과 행동을 연구하고 분석하는 전문가들도 마찬가지다. 수많은 사람들이 유튜브와 방송 매체에 나와서 자신의 육아 철학과 방법에 대해 말하고 있다. 하지만 그것이 '우리 아이가 바르게 성장할 수 있는 진정한 해결책일까?'라는 물음에 대해 궁금증이 생기게 되었다. 그들이 잘못되었다고 이야기하려는 게 아니다. 아이를 양육하고 훈육하는 방법에는 정답이 없다. 그런데 인터넷이 발달하면서 육아 정보 또한 넘쳐나자 최고의 정답이 있는 것처럼 해답만을 찾는 분위기가 형성되었다. 이런 사회 분위기와 초저출산 시대에 아이를 잘 키우는 방법에 대하여 여러분에게 분명하게 전하고 싶은 이야기가 있다.

아이를 키운다는 것

여러분은 어떻게 자랐는가? 인터넷이라는 정보의 바다가 없어도 여러분의 부모님은 당신을 이렇게 훌륭하게 키워냈다. 혹시 스스로 훌륭하지 않다고 생각하는 사람이 있는가? 내가 이렇게 성장해서 아이를 키우는 것 자체로도 정말 훌륭하고 칭찬 받을 수 있는 충분한 가치가 있는 것이다. 이제 여러분이 성장해서 아이가 생겼다. 어떻게 키우고 싶은가? '무엇이든 잘해주고 싶다.', '남들보다 더 많은 학원을 보내고 싶다.', '더 좋은 것을 먹이고 싶다.', '우리 아이는 남들과 달랐으면 좋겠다.' 등. 하지만 이 모든 것이 과연 가능할까?

이것은 엄마의 욕심이다. 우리 아이가 남들보다 잘 되었으면 하는 순수한 마음은 이해하지만 분명한 욕심이다. 풍족한 것보다는 늘 부족한 것이 많았고, 한 학급에 40여 명이 넘던 우리의 어린 시절에는 앞에서 말한 바람은 가능했을지도 모른다. 친구보다 공부를 잘하고 발표를 잘하는 것이 중요했다. 그러나 지금은 어떠한가? 인구 감소는 엄연한 현실이 되었다. 옆에 있는 친구보다 잘하는 것이 중요한 것이 아닌 시대가 되었다. 어떻게 하면 함께 성장할 수 있을지 고민해야 하는 상황이 되었다. 코로나 팬데믹의 시대를 지나 엄마의 말이 더욱 중요하게 된 것이다.

이 책을 읽고 있는 당신은 누구보다 아이를 잘 키우고 싶은 생각을 하고 있는 사람이다. 그동안 얼마나 많은 육아에 대한 정보를 수집했으며, 얼마나 많은 책을 읽었을지 궁금하다. 이러한 예시를 들고 싶다. 휴대폰의 역사를 생각해보자. 아이폰이 우리나라에 들어오기 전까지 휴대폰의 기능은 통신사와 모델마다 서로 달랐다. 하지만 아이폰과 함께 스마트폰이 등장하면서 많은 기능이 하나의 단말기로 집약되었다. 아이를 잘 키우고 싶다는 엄마의 마음을 스마트폰의 역사에 비유하고 싶다.

많은 매체에서 엄마의 말을 듣지 않고 문제를 일으키는 아이의 개선 과정을 다루고 있다. 방송의 특성상 자극적이기도 하다. 그런데 이러한 문제가 쉽게 해결될 수 있을까? 여러분이 아무리 책을 많이 읽어도 아무리 많은 방송의 솔루션을 보아도 여러분 자녀의 문제를 쉽게 해결할 수는 없다. 책이나 방송에서 다룬 것보다 더 많은 다양한 상황이 여러분에게 펼쳐지기 때문이다. 그런데 우리는 솔루션을 보고 열광한다. 그리고 그렇게 해결하지 못해 바로 좌절한다. 도대체 육아는 어떻게 해야 하는 것일까? 결국 문제는 문제를 해결하기 위해 정답을 찾으려고만 하는 것에서 비롯된다.

이 책에서 언급하는 엄마의 말투와 더불어 여러분이 읽은 수십여 권의 책들을 가지고 당신의 자녀를 훌륭하게 키울 수 있다면 얼마나 좋을까? 그것은 어려운 일이다. 대신 이것을 알려주고 싶다. 무엇보다 중요한 것은 이 책에서 배운 엄마의 말을 아이에게 끊임없이 시도해 보라는 것이다. 그리고 엄마가 다시 공부하고 노력해서 아이에게 더 좋은 말을 해주는 것이다. 조금 서툴러도 좋다. 느려도 상관없다. 해보지 않는 것이 문제다. 여러분의 아이를 위해 시간을 내서 엄마가 준비한 말들을 사용해 보자.

여러분에게 육아에 있어 필요충분조건인 세 가지를 제시한다. 그것은 바로 자존감, 창의력, 배려심이다. 앞에서 벽난로에 비유했던 것처럼 나는 여러분에게 이것이야말로 여러분의 아이를 제대로 키울 수 있는 핵심가치라고 확신한다. 자존감과 창의력, 배려심을 갖춘 아이는 누구보다 훌륭하게 성장할 수 있다. 우리가 알고 있는 용기, 도덕, 헌신, 자율, 협동, 정직, 책임 등 여러 가지의 인성은 이를 통해 자연스럽게 갖출 수 있다. 스마트폰의 역사를 다시 언급해 본다. 초기 휴대폰은 통신사와 모델마다 서로 기능이 달랐지만, 모든 기능을 하나로 합친 스마트폰이 등장하면서 그야말로 완벽성을 갖춘 도구가 되었다. 나는 자존감, 창의력, 배려심을 갖춘 아이야말로 모든 기능을 갖춘 스마트폰의 모습이라고 말하고 싶다. 그 누가 보더라도 매력적이고, 갖고 싶고, 쓰고 싶은 그런 모습 말이다.

아이를 키우는 나의 모습

이 책을 읽고 있는 당신은 누구인가. 이 책을 읽는 동안 내가 성장했던 모습을 생각해 볼 필요가 있다. 왜냐하면 여러분도 한때 여러분 부모님의 아이였기 때문이다. 돌아갈 수 없는 나의 성장 환경은 내가 아이를 키우는 데 있어 중요한 단서가 된다. 여러분의 부모님은 언제나 따뜻했는가. 혹시 매를 맞고 자라지는 않았는가. 부모님 중 한 분이 계시지 않아 마음이 힘들지는 않았는가. 소중한 추억을 가지고 늘 감사하게 살았는가. 나도 모르게 아이에게 하는 말과 행동에 문제가 있을 수도 있다. 여러분의 어린 시절로 인해 아이의 성장 환경에 문제가 생겨서는 안 된다. 이것은 마음이 아닌 머리로 행동해야 한다.

무더운 여름, 집 안에 있는 것은 쉽지 않다. 후텁지근하고 땀이라도 나면 가족끼리 좋은 말이 나오기 어렵다. 이럴 때 엄마의 말은 가족들이 소통하고 화합하게 만드는 중요한 역할을 할 수 있다. 그런데 엄마조차 피곤하고 힘든 상황에서는 좋은 말이 나올 수 없다. 우리 가족이 화합할 수 있는 역할을 하기가 어렵다. 엄마 또는 주양육자는 언제나 평상심을 유지할 수 있도록 자신을 관리하는 것이 중요하다. 체력을 관리하고 평상심을 유지하려고 노력하는 것이 중요하다.

사실 이 책은 육아서가 아니다. 저자 또한 이 책을 집필하면서 다시 한번 어린 시절을 되돌아보았다. 부모님에 대해 감사함을 느끼게 되었다. 스스로 부족한 부분도 알게 되었다. 대신 분명한 장점도 알게 되었다. 여러분에게 이 책이 당신의 아이, 당신의 손자를 위한 책이 아니라고 이야기하고 싶다. 이 책은 바로 여러분 자신을 위한 책이다. '이래서 내가 잘 성장했구나.', '내가 이래서 마음이 아팠구나.', '그래서 나는 이렇게 해야겠다.'라고 여러분의 마음에 동요가 일어났으면 좋겠다. 여러분을 위한 힐링의 도서로 자리매김했으면 한다.

◆

참고, 믿고, 사랑하라

군 복무 중 수많은 스무 살 청년을 만나보았습니다. 스피치 아카데미에서도 수많은 사회인을 만나며 다양한 사람들의 이야기를 듣고 그들의 삶을 지켜보았습니다. 그 과정에서 한 가지 중요한 깨달음을 얻었습니다. 그것은 아이를 양육할 때 절대로 조급해서는 안 되며, 다른 사람과 비교해서도 안 된다는 것입니다. 우리 아이가 옆집 아이보다 공부를 조금 못하면 어떠한가요? 지금 우리의 삶을 되돌아보면 공부를 더 잘했으면 정말 무엇이 달라졌을까요? 오히려 그보다 하지 못했던 것들에 대한 안타까움이 더 크지 않나요? 너무 걱정하지 않아도 됩니다.

이 책에서 제가 여러분께 전하고 싶은 가장 큰 메시지는 바로 '참고, 믿고, 사랑하라.'는 것입니다. 이 말은 결코 쉽지 않습니다. 생각으로만 머무르지 않고 행동으로 옮기는 것은 더욱 어렵습니다. 특히 우리 아이에게 이를 실천하는 것은 불가능에 가깝게 느껴질지도 모릅니다. 하지만 한 번만 더 생각해 보세요. 우리 아이의 행동을 있는 그대로 인정하고 믿어보는 겁니다. 그리고 무조건적인 사랑을 주는 겁니다. 이것이야말로 우리 아이를 이 시대의 진정한 리더로 성장시킬 수 있는 가장 확실한 방법입니다.

　　갈등의 시대, 뉴노멀의 시대, 그리고 예측이 불가능한 미래의 시대를 살아가는 우리에게 '참고, 믿고, 사랑하라.'는 가치는 더욱 절실합니다. 이 가치를 아이에게만 실천할 것이 아니라, 남편과 아내, 부모님과 친구, 그리고 함께 일하는 동료에게도 적용해 보세요. 우리 주변의 모든 사람에게 이 말투를 실천하면 자존감과 창의력, 그리고 배려심이라는 놀라운 변화를 경험할 수 있을 것입니다. '참고, 믿고, 사랑하라.'는 말은 이 책에서 다룬 핵심 가치인 자존감, 창의력, 배려심을 일컫는 말입니다. 엄마가 한 번 참고 인내할 때마다 아이의 자존감은 우후죽순처럼 자라납니다. 엄마가 한 번 더 믿어줄 때 아이의 창의력은 배가됩니다. 엄마가 마음껏 사랑을 줄 때 아이의 배려심은 완성됩니다.

우리는 모두 하나뿐인 소중한 아이를 키우고 있습니다. 한 번뿐인 우리의 인생에 가장 소중한 선물인 아이를 위해 오늘도, 내일도 조금씩 실천해 나가기를 바랍니다. 이 책을 읽으며 여러분이 깨닫고 느낀 것들을 일상에 적용해 보세요. 여러분의 열정과 사랑이 아이의 미래를 책임질 것입니다.

『아주 보통의 하루를 만드는 엄마의 말투』로 우리 사회가 더욱 따뜻해졌으면 좋겠습니다. 여러분의 가정과 우리의 삶을 위한 작은 변화의 시작이 되기를 진심으로 응원합니다. 감사합니다.

집필을 마치며.
저자 황재호

Foreign Copyright:
Joonwon Lee   Mobile: 82-10-4624-6629
Address: 3F, 127, Yanghwa-ro, Mapo-gu, Seoul, Republic of Korea
          3rd Floor
Telephone: 82-2-3142-4151
E-mail: jwlee@cyber.co.kr

아주 보통의 하루를 만드는

엄마의 말투

2024. 12. 24 초판 1쇄 인쇄
2025. 01. 01 초판 1쇄 발행

지은이 | 조성은, 황재호
펴낸이 | 최한숙
펴낸곳 | BM 성안북스

주 소 | 04032 서울시 마포구 양화로 127 첨단빌딩 3층(출판기획 R&D 센터)
         10881 경기도 파주시 문발로 112 파주 출판 문화도시(제작 및 물류)

전 화 | 02) 3142-0036
         031) 950-6300

팩 스 | 031) 955-0510
등 록 | 1973. 9. 18. 제406-1978-000001호
출판사 홈페이지 | www.cyber.co.kr
이메일 문의 | smkim@cyber.co.kr
ISBN | 978-89-7067-461-2 (03590)
정가 | 18,000원

이 책을 만든 사람들

총괄·진행 | 김상민
기획·편집 | 김상민
교정·교열 | 정동홍
본문·표지 디자인 | 디박스
홍 보 | 김계향, 임진성, 김주승, 최정민, 이해솜
국제부 | 이선민, 조혜란
마케팅 | 구본철, 차정욱, 오영일, 나진호, 강호묵
마케팅 지원 | 장상범
제 작 | 김유석

www.cyber.co.kr ★★★
성안북스 Web 사이트

■ 도서 A/S 안내

성안북스에서 발행하는 모든 도서는 저자와 출판사, 그리고 독자가 함께 만들어 나갑니다.
좋은 책을 펴내기 위해 많은 노력을 기울이고 있습니다. 혹시라도 내용상의 오류나 오탈자 등이
발견되면 "좋은 책은 나라의 보배"로서 우리 모두가 함께 만들어 간다는 마음으로 연락주시기
바랍니다. 수정 보완하여 더 나은 책이 되도록 최선을 다하겠습니다.
성안북스는 늘 독자 여러분들의 소중한 의견을 기다리고 있습니다. 좋은 의견을 보내주시는 분께는
성안당 쇼핑몰의 포인트(3,000포인트)를 적립해 드립니다.

잘못 만들어진 책이나 부록 등이 파손된 경우에는 교환해 드립니다.